数字电子技术实验与课题设计

主　编　张祥丽
副主编　王亚兰

北京理工大学出版社
BEIJING INSTITUTE OF TECHNOLOGY PRESS

版权专有　侵权必究

图书在版编目(CIP)数据

数字电子技术实验与课题设计/张祥丽主编. —北京:北京理工大学出版社,2011.12（2023.8重印）

ISBN 978－7－5640－5392－5

Ⅰ.①数… Ⅱ.①张… Ⅲ.①数字电路-电子技术-实验-高等学校-教材 Ⅳ.①TN79－33

中国版本图书馆 CIP 数据核字(2011)第 265081 号

出版发行 / 北京理工大学出版社
社　　址 / 北京市海淀区中关村南大街 5 号
邮　　编 / 100081
电　　话 / (010)68914775（办公室） 68944990（批销中心） 68911084（读者服务部）
网　　址 / http://www.bitpress.com.cn
经　　销 / 全国各地新华书店
印　　刷 / 唐山富达印务有限公司
开　　本 / 710 毫米×1000 毫米　1/16
印　　张 / 7.5
字　　数 / 140 千字
版　　次 / 2011 年 12 月第 1 版　2023 年 8 月第 8 次印刷
定　　价 / 25.00 元

责任编辑　陈莉华
责任校对　周瑞红
责任印制　王美丽

图书出现印装质量问题,本社负责调换

前　言

　　现在社会需求的应用型人才,不仅要求掌握基本理论知识,更需要掌握基本实验技能和具有一定的科研创新能力。而实践教学是高等教育本质的必然要求,是培养应用型人才的必然之法。本教材围绕"以素质教育为主线,以能力培养为核心"的教育思想,将理论和实践相结合,培养学生逻辑思维能力、设计能力和实际动手能力。

　　作者所在学院(重庆电子工程职业学院)的"数字电子技术"课程获得"国家级精品课程"建设项目称号,并出版了配套教材,但缺乏一本让教师和学生都适合的实训实验教材。本书实验安排了与"数字电子技术"课程紧密结合的基础技能训练和逻辑电路系统设计的创新技能训练,符合数字电子技术理论课的教学基本要求,在内容上不仅包括基础性测试和验证性实验,还涉及了综合设计性实验,从而在实践教学中巩固、加深学生对基础理论知识的理解,培养学生分析问题、解决问题的能力和实际动手能力。

　　作者在编写过程中借鉴了澳大利亚职业教育的一些先进理念,力图采用新的模式、新的思路,让学生在实践学习中能轻松入手,逐步提高操作、创新能力。具体表现在以下几个方面:

　　(1) 内容实用。选取和理论教材配套以及电子技术中最常用的技术进行技能训练,在基础性、验证性、设计性实验之外,还增加了拓展训练部分,有利于学生独立分析、创新能力的提高。内容精炼,详略得当,文字通俗易懂,图表与正文密切配合。

　　(2) 目的明确。彻底打破学科课程的设计思路,紧紧围绕工作任务完成的需要来选择和组织课程内容,突出工作任务与知识的联系。

　　(3) 适应性强。本书配带有各项技能训练的操作、设计方案,并在各项技能训练中,强调了学生在该项训练中要完成的任务进度和资料数据表格的填写,明确实验教学所要达到的目的,体现以学生操作为主,教师指导为辅的模式。

　　(4) 层次性强。该书的基础、验证性实验部分编写配合了"数字电子技术"课程的教学,而课题设计部分按照由浅入深、循序渐进的原则缩写,并给出了几个课题项目的设计思路供学生自主学习提高。

　　(5) 操作性强。本书选取学生熟悉的电子系统进行技能训练,提高学生操作兴趣,以培养应用型人才为主,具有较强的实践性、启发性和实用性。

　　(6) 体现职教特色。本书借鉴了澳大利亚职业教育的一些先进理念,在编写过程中力求做到以能力为目标,从实际出发,突出最新的技术技能应用,培养学生分析、设计和调试数字电路的能力。

  本书的第1、2章和附录部分由重庆电子工程职业学院张祥丽老师编写，第3章由重庆电子工程职业学院王亚兰老师编写。全书统校由张祥丽老师完成。重庆电子工程职业学院李转年教授、夏西泉教授参与策划并审阅了全书。在此向为本书出版作出贡献和支持的朋友表示衷心感谢。

  由于编者水平有限，书中难免存在纰漏之处，恳请读者批评指正。

编　者

目 录

第1章 实训操作的基础知识 ……………………………………………… 1
  1.1 数字集成电路简介 …………………………………………………… 1
    1.1.1 概述 …………………………………………………………… 1
    1.1.2 TTL集成电路 ………………………………………………… 2
    1.1.3 CMOS集成电路 ……………………………………………… 2
  1.2 常用的电子仪器 ……………………………………………………… 3
    1.2.1 数字电路实验箱 ……………………………………………… 3
    1.2.2 万用表 ………………………………………………………… 5
    1.2.3 双踪示波器 …………………………………………………… 7
  1.3 实训操作的注意事项 ………………………………………………… 11
  1.4 常见故障的检查与排除 ……………………………………………… 12

第2章 数字电子技术实验训练 …………………………………………… 14
  2.1 电路实验的基本要求 ………………………………………………… 14
    2.1.1 实验的操作程序 ……………………………………………… 14
    2.1.2 实验电路的测试 ……………………………………………… 15
    2.1.3 实验记录 ……………………………………………………… 15
    2.1.4 实验报告要求 ………………………………………………… 16
  2.2 数字电路基本实验 …………………………………………………… 16
    2.2.1（实验一） 门电路的功能测试与应用 …………………… 16
    2.2.2（实验二） TTL/CMOS门电路参数测试 ……………… 20
    2.2.3（实验三） 集电极开路（OC）门与三态门 ……………… 24
    2.2.4（实验四） 编码器、译码器及其应用 …………………… 28
    2.2.5（实验五） 译码与显示 …………………………………… 33
    2.2.6（实验六） 数据选择器、数据分配器及其应用 ………… 37
    2.2.7（实验七） 全加器、半加器 ……………………………… 41
    2.2.8（实验八） 触发器功能测试及其应用 …………………… 44
    2.2.9（实验九） 计数器的应用 ………………………………… 49
    2.2.10（实验十） 寄存器的应用 ……………………………… 54
    2.2.11（实验十一） 555定时器的应用 ……………………… 58
    2.2.12（实验十二） D/A、A/D转换器 ……………………… 61

第3章	课题设计	68
3.1	电路设计制作	68
	3.1.1 电路设计的目的与要求	68
	3.1.2 电路设计的基本原则与基本方法	68
	3.1.3 电路的制作工艺	70
	3.1.4 电路的调试与检测	70
	3.1.5 实训报告要求	71
3.2	课题设计方案	72
	3.2.1(课题一) 汽车尾灯控制电路	72
	3.2.2(课题二) 4人智力竞赛抢答器	75
	3.2.3(课题三) 节日彩灯控制电路	79
	3.2.4(课题四) 数字频率计	82
	3.2.5(课题五) 交通灯控制电路	87
3.3	课题设计拓展训练	92
	3.3.1(课题六) 数字电子钟	92
	3.3.2(课题七) 定时控制器逻辑电路	94
	3.3.3(课题八) 家用电风扇控制逻辑电路	96
	3.3.4(课题九) 十翻二运算电路	100
	3.3.5(课题十) 复印机控制逻辑电路	102
	3.3.6(课题十一) 乒乓游戏机逻辑电路	106

附录 常见芯片管脚图 110

参考文献 113

第1章 实训操作的基础知识

1.1 数字集成电路简介

1.1.1 概述

数字集成电路是将元器件和连线集成于同一半导体芯片上而制成的数字逻辑电路或系统。根据数字集成电路中包含的门电路或元、器件数量,可将数字集成电路分为小规模集成电路(集成度为 1~10 门/片)、中规模集成电路(集成度为 10~100 门/片)、大规模集成电路(集成度为 100 门/片以上)、超大规模集成电路(集成度为 1 000 门/片以上)。最简单的数字集成电路是集成门电路。

集成电路按照其组成的有源器件的不同分为两大类:一类是晶体管构成的集成电路,主要有 TTL、ECL、I^2L 等;另一类是 MOS 场效应管构成的集成电路,主要有 COMS、NMOS、PMOS 等。其中 TTL 和 COMS 集成电路围绕速度、功耗等关键性指标展开竞争,因此发展迅速、应用最广泛。

数字集成电路的型号组成一般由前缀、编号、后缀三大部分组成,前缀代表制造厂商,编号包括产品系列号、器件系列号,后缀一般表示温度等级、封装形式等。例如:SN74LS00P——SN 指制造商 TI 公司,74 指民用系列,LS 指低功耗肖特基系列 TTL 电路,00 指二输入四与非门,P 指塑料双列直插形式封装。

如何识别集成电路的管脚序号,集成芯片上都有一个定位标记,用来确定芯片的管脚序号。最常见的标记是在集成芯片上做出一个半圆形的缺口,如图 1.1.1-1(a)所示,若将缺口朝上,从芯片正面(标有芯片名称的那一面)俯视,则左上角(有标记的一端)为第 1 引脚,管脚序号沿逆时针方向依次递增。图 1.1.1-1(b)所示为一块 14 引脚的管脚序号。

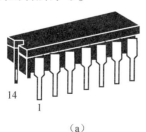
(a)

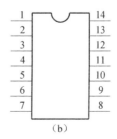
(b)

图 1.1.1-1 14 集成芯片管脚图
(a)外形;(b)管脚图

1.1.2 TTL 集成电路

一、TTL 集成电路系列类别

TTL 集成电路有 74 系列(民用)和 54 系列(军用)两大系列。其中,74 系列集成电路大致可分为 6 大类:

74××(标准型);
74L××(低功耗);
74S××(肖特基);
74LS××(低功耗肖特基);
74AS××(先进肖特基);
74ALS××(先进低功耗肖特基)。

在选用 74 系列时主要考虑集成电路的速度和功耗,由于 74LS 系列综合性能较佳,是 TTL 应用较广的子系列。54 系列具有和 74 系列相同的子系列,参数基本相同,但在电源电压和工作温度范围内,54 系列适应的范围更广。全部的 TTL 集成电路都采用 +5 V 电源供电,逻辑电平为标准 TTL 电平。

二、TTL 集成电路使用规则

(1) 使用集成电路时,首先要认清定位标记;集成块正面向上,缺口朝向实验者左边,然后将该电路安插在相同引脚数的实验箱插槽中。

(2) TTL 正电源允许的工作电压范围是 +4.5 ~ +5.5 V,实验中使用 +5 V 电源,负电源端"GND"接地。TTL 电路对电源电压的要求比较严格,如果工作电压过高会损坏 TTL 集成电路,电压过低,电路将不能正常工作。

(3) 多余输入端的处理:

① 可将多余的输入端与使用的输入端并接同一个输入信号。

② 根据"与"运算和"或"运算的特点,与门的多余输入端可接"1"电平,或门的多余输入端可接"0"电平。

③ 通过设计接地电阻的大小,可以使多余的输入接上相应的"0"电平或"1"电平。当接地电阻 $R \geqslant 2 \text{ k}\Omega$,相当于接上"1"电平;当接地电阻 $R \leqslant 0.7 \text{ k}\Omega$,相当于接上"0"电平。特殊情况下,输入端直接连接到地,此时的 $R = 0$,相当于接"0"电平;当输入端悬空,相当于 $R = \infty$,此时相当于接上"1"电平,但一般情况下,多余的输入端不要悬空,防止信号从空端引入,使电路工作不稳定。

(4) 输出端处理:不能直接接电源或直接接地,否则将导致器件损坏。

1.1.3 CMOS 集成电路

一、CMOS 集成电路的系列类别

CMOS 集成电路相对于 TTL 集成电路,具有功耗低、集成度高等优点,其速度比以前也有了很大提高。因此，CMOS 集成电路获得了广泛的应用，特别是在大规模集成电路和微处理器中占据重要地位。

CMOS 集成电路供电电源可以为 3~18 V，但为了与 TTL 集成电路的逻辑电平兼容，一般采用 +5 V 电源。另外还有 3.3V CMOS 集成电路，其功耗比 5V CMOS 集成电路低。CMOS 集成电路也有 54 系列和 74 系列两大系列。74 系列的 CMOS 集成电路和 74 系列的 TTL 集成电路具有相同的功能和引脚排列。74 系列的 5V CMOS 集成电路的子系列有：

74C××（CMOS）；

74HC×× 和 74HCT××（高速 CMOS，T 表示和 TTL 兼容）；

74AC×× 和 74ACT××（先进 CMOS，提供了比 TTL 系列更高的速度和更低的功耗）；

74AHC×× 和 74AHCT××（先进高速 CMOS）。

二、CMOS 集成电路使用规则

由于 CMOS 电路有很高的输入阻抗，使得外来的干扰信号很容易在一些悬空的输入端感应出较高的电压，以致损坏器件。在使用 CMOS 时要注意以下几点：

(1) 工作电压：CMOS 的正电源端"V_{DD}"允许的工作电压范围是 3~18 V，负电源端"V_{SS}"常接地，不得接反。

(2) 多余输入端的处理：输入端一律不准悬空，输入端接电阻到地，不论阻值多少都相当于输入"0"电平。多余的输入端最好不并联到使用的输入端上，而应根据与门输入端接高电平或"V_{DD}"，或门的输入端接低电平或"V_{SS}"。

(3) 输出端的处理：CMOS 的输出端不能直接接"V_{DD}"或"V_{SS}"，以免损坏器件。

(4) 输入电路的静电防护：在储存与运输 CMOS 器件时，应采用金属屏蔽层作包装材料，不能用容易产生静电的化工材料或化纤织物。在组装和调试时，所有仪器设备应接地良好。

(5) 输入电路的过流保护：在可能出现大输入电流的场合、在输入线较长或在输入端接有大电容时，都应在输入端加过流保护电阻。

1.2 常用的电子仪器

1.2.1 数字电路实验箱

数字电路实验箱广泛用于以集成电路为主要器件的数字电子电路实验中，也可用于数字电路的设计中。目前，市场上有很多不同型号产品的数字实验箱，本书介绍使用的是 RXS-1C 数字电路实验箱。该系统采用组合式结构，具有多种功能。

一、系统结构

RXS-1C 数字电路实验箱的连接采用自锁紧接插件,接触非常可靠。实验系统面板如图 1.2.1-1 所示,其系统组成如下:

(1) 直流源:±5 V,±12 V。

(2) 手动单次脉冲源:按动一次按钮即产生一个上升沿或下降沿。

(3) 固定频率脉冲源 12 路:1 Hz,10 Hz,100 Hz,500 Hz,1 kHz,10 kHz,100 kHz,200 kHz,500 kHz,1 MHz,2 MHz,4 MHz。

(4) 函数信号发生器:可产生矩形波、三角波、正弦波 3 种波形。频段可调范围为 10 Hz~100 kHz,可进行幅度调节,具有输出幅度可衰减 20 dB 的选择按钮。

(5) 16 位逻辑电平输入开关 $K_0 \sim K_{15}$:绿灯表示输入低电平"0",红灯表示输入高电平"1"。

(6) 8 位无自锁功能的逻辑电平开关 $K_0 \sim K_7$。

(7) 16 位逻辑状态显示灯:指示灯红灯表示输出高电平"1",指示灯绿灯表示输出低电平"0"。

(8) 数码管显示:6 个由七段 LED 数码管组成的 BCD 码译码显示电路,从 D、C、B、A 输入二进制 BCD 码,则显示相应的十进制数字。两个七段共阴极 LED 数码管。

(9) 可变电位器 4 只:阻值分别为 1 kΩ,10 kΩ,47 kΩ,100 kΩ。

图 1.2.1-1　RXS-1C 型数字电路实验箱实体面板

(10) 阻容元件:电阻1 kΩ(1只),5.1 kΩ(2只),10 kΩ(2只);电容0.01 μF(3只),10 μF(1只);IN4148二极管(2只)。

(11) 开放实验区,用于扩展实验、课程设计使用。

① 提供40芯锁紧插座1只。

② IC插座20个:40引脚插座1个,20引脚插座2个,18引脚插座1个,16引脚插座6个,14引脚插座7个,8引脚插座3个。

③ 分立元件接插区,可接插电阻、电容、稳压管、二极管、三极管等元器件,方便扩展。

④ 提供一块面包板,便于搭接实验电路。

二、数字电路实验箱使用注意事项

(1) 使用前应检查实验箱电源是否正常。先关闭实验箱电源,连接220 V交流电,然后打开电源开关,用电压表测量电源电压是否符合要求。

(2) 检查实验箱的输入与输出是否正常。

(3) 按实验操作规范完成实验。实验时,导线长度的选择要合理。

(4) 不能带电插、拔器件,只能在断开电源的情况下进行。

1.2.2 万用表

万用表是一种多功能、多量程的便携式电工仪表。万用表分为指针式万用表和数字万用表。

一、指针式万用表

1. 面板结构

万用表面板上主要有表头和转换开关,还有欧姆挡调零旋钮和表笔插孔。

(1) 表头。万用表的表头是灵敏电流计,表头上的表盘印有多种符号、刻度线和数值。符号A—V—Ω表示这只电表是可以测量电流、电压和电阻的多用表。表盘上印有多条刻度线:电阻读数标度尺——电阻刻度线,右端为零,左端为∞,所读取的读数必须与挡位开关所指的倍数相乘才是实际阻值数;交、直流电压与交、直流电流读数标度尺。刻度线下的几行数字是与转换开关的不同挡位相对应的刻度值。表头上还设有机械调零旋钮,用以校正指针在左端对齐零位。

(2) 转换开关。转换开关一般有两个,用来选择被测电量的测量项目和量程。一般万用表测量项目包括:直流(DC或—)电压、电流;交流(AC或~)电压、电流;电阻。每个测量项目又划分为几个不同的量程以供选择。

(3) 表笔和表笔插孔。万用表有红、黑两只表笔。使用时应将红色表笔插入标有"+"号的插孔,测量时接被测电路的高电位点。黑色表笔插入标有"-"号或

"COM"的插孔,测量时接被测电路的低电位点。

2. 万用表的使用方法

(1) 万用表水平放置。

(2) 应检查表针是否停在表盘左端的零位。如有偏离,可用小螺丝刀轻轻转动表头上的机械零位调整旋钮,使表针指零。

(3) 将表笔按上面要求插入表笔插孔。

(4) 将选择开关旋到相应的项目和量程上,就可以使用了。

(5) 测量电压、电流:测量电压(或电流)时要选择合适的量程,如果用小量程去测量大电压,则会有烧表的危险;如果用大量程去测量小电压,那么指针偏转太小,无法读数。量程的选择应尽量使指针偏转到满刻度的2/3左右。如果事先不清楚被测电压的大小时,应先选择最高量程挡,然后逐渐减小到合适的量程。

(6) 测电阻:选择合适的倍率挡,应使指针停留在刻度线较稀的部分为宜,一般应使指针指在刻度尺的1/3~2/3;欧姆调零,测量电阻之前,应将两个表笔短接,同时调节"欧姆调零旋钮",使指针刚好指在欧姆刻度线右边的零位,并且每换一次倍率挡,都要再次进行欧姆调零,以确保测量准确。

3. 注意事项

(1) 在测电流、电压时,不能带电换量程。

(2) 选择量程时,要先选大的,后选小的,尽量使被测值接近于量程。

(3) 测电阻时,不能带电测量。因为测量电阻时,万用表由内部电池供电,如果带电测量则相当于接入一个额外的电源,可能损坏表头。

(4) 使用完后,应使转换开关在交流电压最大挡位或空挡上。

二、数字万用表

数字式仪表灵敏度高,准确度高,显示清晰,过载能力强,便于携带,使用更简单。

1. 面板结构

(1) 液晶显示屏:显示被测量的具体数值。

(2) 拨盘开关:用于选择被测量及量程。

(3) 插孔。一般有"COM""V/Ω""mA""20 A"——万用表黑表笔插入"COM"插孔;在测电阻、电压、二极管时,红表笔插入"V/Ω"插孔;测量小电流200 mA以下时,红表笔插入"mA"插孔;超过200 mA,低于20 A时红表笔插入"20 A"插孔。

一般液晶显示屏下方有个圆插孔,用于测量三极管直流放大倍数。分别把NPN和PNP两种三极管c、b、e插入对应插孔中,开关拨到h_{FE}挡位,就可直接读数。

(4)总开关:ON/OFF。

2. 数字万用表使用方法

首先根据被测量对象是电流、电压、电阻、电容、三极管、二极管及被测对象参数大小选择相应的挡位和表笔插孔。

3. 使用注意事项

(1)如果无法预先估计被测电压或电流的大小,则应先拨至最高量程挡测量一次,再视情况逐渐把量程减小到合适位置。测量完毕,应将量程开关拨到最高电压挡,并关闭电源。

(2)满量程时,仪表仅在最高位显示数字"1",其他位均消失,这时应选择更高的量程。

(3)当误用交流电压挡去测量直流电压,或者误用直流电压挡去测量交流电压时,显示屏将显示"000",或低位上的数字出现跳动。

(4)禁止在测量高电压(220 V以上)或大电流(0.5 A以上)时换量程,以防止产生电弧,烧毁开关触点。

(5)当显示" "、"BATT"或"LOW BAT"时,表示电池电压低于工作电压。

1.2.3 双踪示波器

双踪示波器是用来观测电压波形的设备,具有两路输入端,可接入两路电压信号同时显示在示波器的屏面上,便于进行两路信号的观测比较。其功能用途广,可以用来观察正弦波信号和脉冲信号,也可以测量各种交流信号的周期、幅度及交流电压中的直流成分等。

双踪示波器种类、型号很多,功能也不同。数字电路实验中使用较多的是20 MHz或者40 MHz的双踪示波器。这些示波器用法大同小异。本书以YB4320A型为例介绍示波器在数字电路实验中的常用功能。

一、双踪示波器面板结构

1. 荧光屏

荧光屏是示波器的显示部分。屏上水平方向和垂直方向各有多条刻度线,指示出信号波形的电压和时间之间的关系。水平方向指示时间,垂直方向指示电压。水平方向分为10格,垂直方向分为8格,每格又分为5份。根据被测信号在屏幕上占的格数乘以适当的比例常数(V/DIV,TIME/DIV)就能得出电压值与时间值。

2. 示波器和电源系统

(1)电源:示波器主电源开关。按此开关,电源指示灯亮,表示电源接通。

(2) 辉度：能改变光点和扫描线的亮度。

(3) 聚焦：调节电子束截面大小，将扫描线聚焦成最清晰状态。

(4) 刻度照明：调节荧光屏后面的照明灯亮度。

3. 垂直偏转因数和水平偏转因数

(1) 垂直偏转因数选择(VOLTS/DIV)和微调：双踪示波器中每个通道各有一个垂直偏转因数选择波段开关，波段开关指示的值代表荧光屏上垂直方向一格的电压值。波段开关上有一个小旋钮即微调，将它沿顺时针方向旋到底，处于"校准"位置，此时垂直偏转因数值与波段开关所指示的值一致。逆时针旋转，能够微调垂直偏转因数。当微调旋钮被拉出时，垂直灵敏度扩大若干倍(偏转因数缩小若干倍)。例如，如果波段开关指示的偏转因数是 1 V/DIV，采用"×5"扩展状态时，垂直偏转因数是 0.2 V/DIV。

(2) 时基选择(TIME/DIV)和微调：时基选择和微调的使用方法与垂直偏转因数选择和微调类似。波段开关的指示值代表光点在水平方向移动一个格的时间值。"微调"旋钮用于时基校准和微调。沿顺时针方向旋到底处于校准位置时，屏幕上显示的时基值与波段开关所示的标称值一致。逆时针旋转旋钮，则对时基微调。旋钮拔出后处于扫描扩展状态。通常为"×10"扩展，即水平灵敏度扩大 10 倍，时基缩小到 1/10。例如在 1 μs/DIV 挡，扫描扩展状态下荧光屏上水平一格代表的时间值等于 1 μs × (1/10) = 0.1 μs。

4. 位移旋钮

位移旋钮用来调节信号波形在荧光屏上的位置。旋转水平位移旋钮(标有水平双向箭头)左右移动信号波形，旋转垂直位移旋钮(标有垂直双向箭头)上下移动信号波形。

5. 校准

校准示波器的标准信号源 CAL，专门用于校准示波器的时基和垂直偏转因数。信号源提供一个频率为 1 kHz、电压幅度为 0.5 V 的方波信号。

6. 输入通道和输入耦合选择

(1) 输入通道选择：有 3 种选择方式，即 CH1、CH2、叠加。选择"CH1"时，示波器仅显示通道 1 的信号。选择"CH2"时，示波器仅显示通道 2 的信号。选择"叠加"通道时，示波器同时显示通道 1 信号和通道 2 信号。

(2) 输入耦合方式：有 3 种选择方式，即交流(AC)、地(GND)、直流(DC)。当选择"地"时，扫描线显示出"示波器地"在荧光屏上的位置。直流耦合用于测定信号直流绝对值和观测极低频信号。交流耦合用于观测交流和含有直流成分的交流信号。在数字电路实验中,一般选择"直流"方式,以便观测信号的绝对电压值。

7. 触发源选择

通常有 3 种常见选择:内触发、电源触发和外触发。

"内触发"使用被测信号作为触发信号,CH1 和 CH2 都可以选作触发信号,是经常使用的一种触发方式。

"电源触发"使用交流电源频率信号作为触发信号,在测量与交流电源频率有关的信号时有效。

"外触发"使用外加信号作为触发信号,从外触发输入端引入信号,要求该信号与被测信号间具有周期性关系。

触发器还有一些更复杂的功能,如极性选择、$X—Y$ 工作方式、交替触发等,在此就不一一介绍了。

二、双踪示波器的使用方法

测试信号时,首先要将示波器的"地"与被测电路的"地"连接在一起。根据输入通道的选择,将示波器探头插到相应通道插座上,示波器探头上的"地"与被测电路的"地"连接在一起,示波器探头接触被测点。示波器探头上有一双位开关。此开关拨到"×1"位置时,被测信号无衰减送到示波器,从荧光屏上读出的电压值是信号的实际电压值。此开关拨到"×10"位置时,被测信号衰减为 1/10,然后送往示波器,从荧光屏上读出的电压值乘以 10 才是信号的实际电压值。

1. 开机前示波器面板上有关控制旋钮应做的预置

亮度、聚焦适中,垂直、水平位移居中,输入通道需选择"CH1",触发方式选择"自动",触发电平处于锁定,触发源选择"内触发",输入耦合选择开关接地,VOLTS/DIV 拨到 5 V/DIV,TIME/DIV 拨到 0.5 ms/DIV。

以上没有提到的控制键均弹出,所有的控制键如上设定后,打开电源,指示灯亮,待半分钟左右后,在示波器荧光屏上应出现一条水平(X 轴)扫描线。调节聚焦旋钮直到轨迹最清晰。一般情况下,垂直微调旋钮、水平扫描微调设定到"校准"位置。

2. 双踪示波器的一般检查

1) 屏幕上显示信号波形

完成上述设定后,高于 20 Hz 频率的大多数信号可以同步显示。由于触发方式为自动,即使没有信号,屏幕上也会出现光迹。如果被测信号的频率低于 20 Hz,或被测信号为直流电压,或被测的交流信号中带有直流成分时,则触发方式开关选择常态,并且输入耦合开关选择 DC。

2) 观察校准信号

该信号是仪器本身产生的频率为 1 kHz、电压幅度为 0.5 V 的方波信号,如图 1.2.3-1 所示。将探头与校准信号相连,此时应将 X 轴扫描速度开关 TIME/DIV 置于 1 ms/DIV 挡(或 0.5 ms/DIV),Y 轴灵敏度开关 V/DIV 置于 0.5 V/DIV 挡(或 0.2 V/DIV)。调节 Y 轴和 X 轴位移,可以将波形显示在荧光屏适当的位置。若波形不稳定,可以旋转右上角的微调旋钮,得到稳定的方波信号。这说明示波器状态已经调试好,可以准备测量信号了。

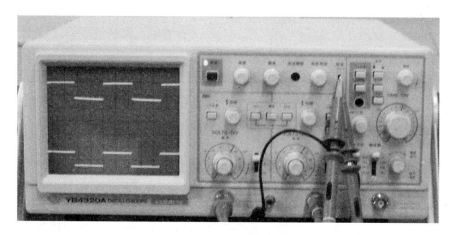

图 1.2.3-1 双踪示波器校准

3. 信号的测量

将测试线接在 CH1 或 CH2 输入插座,测试探头触及测试点,即可在示波器上观察到波形。如果波形幅度太大或太小,可调整 VOLTS/DIV 量程旋钮;如果波形周期显示不适当,可调整扫描速度 TIME/DIV 旋钮。

1) 直流电压的测量

选择 AC-GND-DC 开关至 GND,将零电平定位到屏幕上的最佳位置,这个位置不一定在屏幕的中心。将 VOLTS/DIV 设定到合适的位置,然后将 AC-GND-DC 开关拨到 DC。直流信号将会产生偏移,直流电压可通过偏移刻度的总数乘以 VOLTS/DIV 值得到。

2) 交流电压的测量

与测量直流电压一样,将零电平定位到屏幕上任一方便的位置,再根据屏幕上显示的波形进行测量。例如,电压信号的峰-峰值 V_{PP} 共占了 3 格,如果 VOLTS/DIV 选择为 2 V/DIV,电压峰-峰值计算为:

$$2 \text{ V/DIV} \times 3 \text{ DIV} = 6 \text{ V}$$

有效值计算为:

$$V = (V_{PP}/2) \times 0.707$$

3) 频率和时间的测量

如图 1.2.3-2 所示,一个周期是 A 点到 B 点,在屏幕上共占有 4 格。假设扫描时间设置为 2 ms/DIV,则周期:

$$T = 2 \text{ ms/DIV} \times 4 \text{ DIV} = 8.0 \text{ ms}$$

频率:

$$f = 1/T = 1/8 \text{ ms} = 125 \text{ Hz}$$

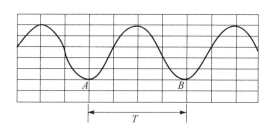

图 1.2.3-2　频率和时间的测量示意图

不过,如果周期运用"×5"扩展,那么实际 TIME/DIV 则为指示值的 1/5。即周期减少为原来的五分之一。

此外,还能测量时间差、上升(下降)沿时间、电视信号等。

4. 注意事项

在操作中要注意以下几点:
(1) 将亮度和聚焦设定到能够最佳显示的合适位置。
(2) 最大可能地显示波形,减少测量误差。
(3) 注意测试探头的衰减情况("×1"或"×10")。

1.3　实训操作的注意事项

为了在实训操作中培养学生严谨的科学态度,确保人身和设备的安全,顺利有效地完成实训任务,达到实训目的,在实训操作中要注意以下事项:
(1) 严格遵守学生实训规则。
(2) 将集成电路芯片及元器件插入实验箱时,应细心插入插座且用力要均匀,以防管脚折断,最好使用镊子辅助。
(3) 不允许将集成电路方向插反,一般 IC 的方向是缺口(或标记)朝左。
(4) 接线前要先弄清楚电路图上的节点与实验中各芯片引脚的对应关系。接线要有秩序地进行,随意乱接容易造成漏接错接,较好的方式是先接好固定电平点,如电源线、地线、异步置位复位端等,其次再按信号源的顺序从输入到输出依次接线。

(5) 导线在使用前先检查是否损坏,接线的粗细、长短及布线尽量合理适中,避免过多的重叠交错,以利于故障检查和排除,养成良好的接线习惯。

(6) 接线完成后,一定要认真检查,确保线路无误后,才能接通电源。如无把握,应请指导老师审查。电源电压的选择应和 IC 及电路要求的值一致。

(7) 实验结束后,应整理仪器设备,做好记录。

(8) 在课程设计中,对器件的选择要考虑经济性、功能性、可靠性,要讲究性价比。

(9) 由于设计性课题的规模一般比较大,可先将电路按其功能划分为若干个相对独立的部分,局部进行调试,保证各部分逻辑功能正确后,再将各部分连接起来并调试。

1.4 常见故障的检查与排除

在实验中,当实验达不到预期的逻辑功能时,就称为故障。通常有 4 种类型的故障。

(1) 电路设计不当:不是指电路逻辑功能错误,而是指所用器件和电路各器件在时序配合上的错误。如电路动作的边沿选择与电平选择不恰当;电路不能自启动,即计数器进入非工作循环状态后,不能转入正常的循环等。

(2) 布线错误:包括漏接、错接、断线和碰线等。

(3) 集成器件使用不当或功能不正常:插、拔电路不当,引起引脚弯曲甚至折断;接插方向反了,错认引脚序号。

(4) 实验箱、仪器或插座接触不正常。

做实验时,一是要求操作细心,将故障减少到最低程度;二是即使出现了故障,只要掌握并利用数字电路是一个二值系统(只有"0"或"1"两种状态)以及具有"逻辑判断"能力这样两个最基本的特点,实验故障是不难排除的。

对于验证性实验,必须先弄清楚所要验证的现象或理论、实验电路等,对实验结果、实验中可能出现的结果预先做出分析和估计。否则,实验做完了,还不清楚做的是什么,为什么要做实验,就更不用说发现故障了。对于设计性实验,首先必须设计正确,包括工作原理、器件的选择等。

下面介绍在正确设计的前提下,对实验故障排除的一些基本方法:

(1) 在实验中,接线完毕后不要马上接通电源,应先复查一下线路再接通电源。在设计性实验中,还应先用万用表测量一下电源和地之间的阻值大小,以防短路。

(2) 接通电源后,若出现故障,先关闭电源,摸一下芯片是否发烫,初步判断芯片是否损坏,并进行故障检测。

(3) 查线。由于实验中大部分故障是由布线错误引起的,因此,在故障发生时,首先检查线路的连接。重点检查有无漏线、错线,特别是各集成芯片是否都接电源和地,是否接错集成电路引脚,导线与插孔接触是否可靠。同时检查导线本身是否损坏导致断路,集成电路与插座板接触是否可靠。设计性实验重点还要检查有无连焊、漏焊现象。

（4）线路若没有问题,检查电源。用万用表测量电源输出电压是否符合要求,检查各集成块是否已经加上电源。检查实验箱的电源、逻辑开关、CP 脉冲有无输出,是否正确加到实验电路中。

（5）检查是否有不允许的悬空输入端存在。

（6）逐级跟踪。按信号流程依次逐级向后检查,也可以从故障输出端向输入方向逐级向前检查,直到找到故障点。用万用表测量各输入电平是否正常,再测量各对应输出端电平大小,看是否和逻辑功能一致。对于时序电路,还要用示波器检查时钟信号是否加上,是否满足电路对时钟的要求。

（7）当怀疑某一集成电路损坏时,要将其输入、输出端与其他线路断开,单独测试其逻辑功能。

（8）如果无论输入信号怎样变化,输出一直保持高电平,则集成块可能没有接地或接地不良;若输出信号保持与输入信号同样规律变化,则集成块可能没有接电源或电源线不良。

（9）对于有多个输入端的器件,如果有输入端多余,可以调换另外的输入端试用,使用器件替换法可以排除器件功能不正常引起的电路故障。

（10）对于含有反馈线的闭合电路,应设法断开反馈线进行检查,必要时对断开的电路进行状态预置后,再进行检查。

实验经验可以积累故障检查和排除的方法。但只要掌握基本理论和实验原理,就不难用逻辑思维的方法较好地判断和排除故障。

第 2 章　数字电子技术实验训练

2.1　电路实验的基本要求

实验中操作的正确与否对实验结果影响甚大。因此,实验者需要严格按照实验的规程进行操作,实验的基本过程包括:确定实验内容,选定最佳的实验方案和实验线路,选择适当的仪器和元件,拟定实验步骤,进行连接安装和调试,最后写出实验报告。

2.1.1　实验的操作程序

要做好实验,要求在操作之前,做到目的明确,操作时做到认真仔细,操作后仔细检查。

一、实验预习

实验前一定要做到心中有数,因此,认真预习是实验顺利进行的关键。在每次实验前明确实验内容和目的,认真复习相关的基本知识,理解实验原理,熟悉实验电路及集成芯片性能及使用方法,写好预习报告。

二、实验中的操作流程

正确的操作方法和操作程序,是顺利进行实验的保障。操作时应按照以下规程操作。

(1) 实验线路连接前,应熟悉仪器设备,明确实验目的和实验方案,对实验仪器进行必要的检查校准,对集成电路进行功能测试。

(2) 实验线路连接中,应遵循正确的布线方案和操作步骤,做到先接线后通电,做完后先断电再拆线。在实验中要拔、插元件,先关闭电源。

(3) 掌握科学的调试方法,电路调试时,按先静态,后动态的顺序进行。有效分析并检查故障,以确保电路工作稳定可靠。

(4) 仔细观察实验现象,完整记录实验数据并与理论值相比较。

(5) 实验完毕,核对实验数据是否完整和合理。确定后,交指导教师审阅后才能拆除实验线路(注意要先切断电源,后拆线),并将仪器设备、导线、实验元件整理归位,做好台面及实验环境的清洁和整理工作。

2.1.2 实验电路的测试

数字电路的测试分为静态测试和动态测试。静态测试是在电路静止的状态下测试输出与输入的关系,一般将输入按照真值表改变状态,测试输出是否与真值表相符。静态测试常用来检查实验方案是否正确,线路是否正常。动态测试则是在输入端输入指定的动态脉冲信号,测试输出端是否符合功能要求。数字电路一般都要进行静态测试,不一定要进行动态测试,但时序逻辑电路往往要进行动态测试。

1. 组合逻辑电路的测试

组合逻辑电路测试的目的是验证其逻辑功能是否符合设计要求,即验证各种输入所对应的输出是否与真值表一致。

1) 静态测试

将输入端分别接实验箱上的逻辑开关,输出分别接实验箱上的显示状态灯LED。按照真值表拨动逻辑开关,改变输入状态,观测输出显示状态灯状态,与真值表比较输出与输入的关系。从而判断组合逻辑电路静态工作是否正常。

2) 动态测试

组合逻辑电路的动态测试是测试频率响应。在输入端输入周期信号,用示波器观察输入、输出波形,测出与真值表相符的最高输入脉冲频率。实验中组合逻辑电路一般很少进行动态测试。

2. 时序逻辑电路的测试

时序逻辑电路的测试是用来验证电路状态的转换是否与状态图或时序图相符合。可用显示状态灯 LED、数码显示管、示波器等观察输出状态的变化。

常用的测试方法有两种:一种是单拍工作方式——将单次脉冲源作为时钟脉冲,逐拍进行观测,用 LED 或数码管判断输出状态的转换是否与状态图相符;另一种是连续工作方式——以连续脉冲源作为时钟脉冲,用示波器观察波形,判断输出波形是否与时序图相符。

2.1.3 实验记录

为实验后的结果分析和拟定实验报告,必须要做好实验记录。实验记录要求必须详细、清楚、合理、正确。以便所测试的数据、波形能和理论值相比较验证。实验记录应包括以下几点:

(1) 实验名称、目的、任务内容。

(2) 实验数据和波形。记录波形时,应注意输入、输出波形的时间相位关系,在坐标中上下对齐,同时记录波形所要求测试的参数。

(3) 记录实验中出现的现象,并初步判断原因。

(4) 实验中所使用的仪器及元器件使用情况。

2.1.4 实验报告要求

实验报告是工程上技术报告的能力训练。实验报告要用简明的形式将实验结果完整和真实地表达出来,要求文理通顺,简明扼要,字迹工整,图表清晰,结论正确,分析合理,讨论深入。实验报告采用统一规格的报告纸,一般包括以下几项:

(1) 实验名称。
(2) 实验目的。
(3) 实验仪器名称及元器件、集成芯片型号。
(4) 实验任务:根据每个任务要求,写出实验原理,画出实验电路图(或加实验电路接线图)。
(5) 数据整理分析:根据实验记录整理数据,建立图表,绘制波形,其中所有图表、曲线均按工程化要求绘制,波形曲线一律画在坐标纸上,比例要适中,坐标轴上应注明物理量的符号和单位。对结果进行理论分析,做出简单的结论。
(6) 记录实验中出现的故障情况,说明排除故障的过程和方法。
(7) 完成本次实验的思考题,写出本次实验心得体会。

2.2 数字电路基本实验

本章根据教学、生产和科研的具体要求,选取了 11 个实验项目。通过数字电路基本实验,使学生熟练使用常用的电子仪器,巩固所学理论知识,培养实际运用知识的能力。

2.2.1(实验一) 门电路的功能测试与应用

一、实验目的

(1) 熟悉数字电路实验箱的结构和使用方法。
(2) 掌握各种门电路的逻辑符号与逻辑功能。
(3) 掌握用指定类型的集成门电路实现各种逻辑函数的方法。
(4) 了解集成逻辑门电路的使用注意事项。

二、预习要求

(1) 复习各门电路的逻辑功能及逻辑函数表达式。
(2) 查找实验使用的各集成门电路的管脚图。

三、实验器材

数字电路实验箱(1 台),集成电路(74LS08、74LS32、74LS04、74LS00)。

74LS08、74LS32、74LS04、74LS00 管脚图如图 2.2.1-1 所示。

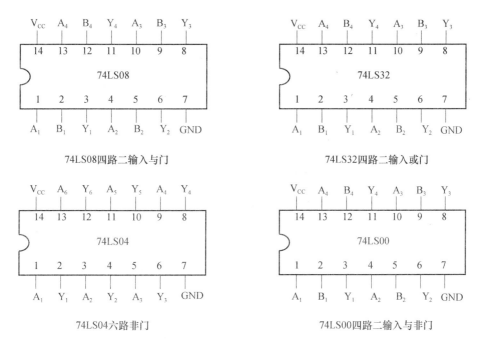

图 2.2.1-1 74LS08、74LS32、74LS04、74LS00 管脚图

四、实验原理

集成逻辑门电路是最简单、最基本的数字集成元件,主要实现简单、基本的逻辑运算。目前已有门类齐全的集成门电路,例如"与门""或门""与非门"等。虽然已有各种中、大规模集成电路的出现,但组成某一系统时,仍需各种门电路。因此,熟练、灵活地使用逻辑门是数字电子技术的基础。

1. 与门

与门实现"与"运算。指只有当决定一件事件的条件全部具备后,这件事件才会发生。用逻辑表达式可写为:$Y = A \cdot B$。运算规则为:输入有 0,输出为 0;输入全 1,输出为 1。常见的实现"与"运算的 TTL 集成电路有二输入与门 74LS08,四输入与门 74LS21 等。

2. 或门

或门实现"或"运算。指决定一件事件的条件中只要有一个或一个以上条件具备,这件事件就会发生。用逻辑表达式可写为:$Y = A + B$。运算规则为:输入有 1,输出为 1;输入全 0,输出为 0。二输入或门 74LS32 是常见的实现"或"运算的 TTL

集成电路。

3. 非门

非门实现"非"运算。某事件发生与否,仅取决于一个条件,而且是对该条件的否定。即条件具备时不发生,条件不具备时事情才发生。用逻辑表达式可写为:$Y = \overline{A}$。运算规则为:输入为 0,输出为 1;输入为 1,输出为 0。在实际应用中,常使用六路非门 TTL 集成电路 74LS04。

4. 与非门

与非门实现"与非"运算。与非是由"与"运算和"非"运算组合而成。用逻辑表达式可写为:$Y = \overline{A \cdot B}$。运算规则为:输入有 0,输出为 1;输入全 1,输出为 0。常见的实现"与非"运算的 TTL 集成电路有二输入与非门 74LS00,四输入与非门 74LS20 等。

图 2.2.1 – 2 为各集成门电路的逻辑符号图与逻辑表达式。

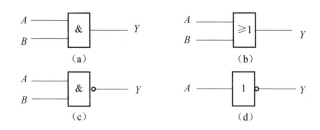

图 2.2.1 – 2 集成门电路的逻辑符号图与逻辑表达式

(a) 与门:$Y = A \cdot B$;(b) 或门:$Y = A + B$;(c) 与非门:$Y = \overline{A \cdot B}$;(d) 非门:$Y = \overline{A}$

五、实验任务与步骤

任务一:分别验证集成块 74LS08、74LS32、74LS04、74LS00 的逻辑功能。

(1) 在实验箱 IC 插座中分别插上上述相应的集成门电路,并接上 +5 V 的电源与地线。

(2) 每个集成芯片选择其中一个门进行测试,将输入端引脚接实验箱的逻辑开关,输出端引脚接显示状态灯。例如与非门 74LS00 功能测试接线图如图 2.2.1 – 3 所示。

(3) 将输入端逻辑开关按照表 2.2.1 – 1 分别置逻辑"1"和逻辑"0",观察输出端显示状态灯的逻辑状态(如红灯为逻辑"1",绿灯为逻辑"0"),完成表 2.2.1 – 1。

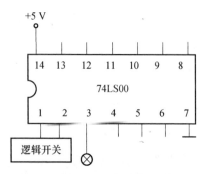

图 2.2.1 – 3 74LS00 与非门功能测试接线图

表 2.2.1-1　门电路逻辑功能表

输入		输出			
		与门	或门	与非门	非门
A	B	$Y=AB$	$Y=A+B$	$Y=\overline{AB}$	$Y=\overline{A}$
0	0				
0	1				
1	0				
1	1				

任务二:用上述门电路实现逻辑函数:$F_1=\overline{A}B+C\overline{D}$,$F_2=ABC$。

(1) 选择任务一中适当的门电路实现函数,画出逻辑图。

实现函数 F_1 所选用的门电路有:＿＿＿＿＿＿＿＿＿＿＿＿＿,

实现函数 F_2 所选用的门电路有:＿＿＿＿＿＿＿＿＿＿＿＿＿。

(2) 按照逻辑图连接线路。用开关改变输入端 A、B、C、D 的状态,记录使输出状态为逻辑"1"的输入状态,填入表 2.2.1-2 中,并将观察结果与理论值相比较。

表 2.2.1-2　门电路实现逻辑函数

输入				输出	输入				输出
A	B	C	D	F_1	A	B	C	D	F_2
				1					1

任务三:只采用 74LS00 与非门来实现任务二中的逻辑函数。

(1) 将函数转换成只包含"与非"运算的逻辑表达式。

$F_1=$ ＿＿＿＿＿＿＿＿＿＿＿＿＿;$F_2=$ ＿＿＿＿＿＿＿＿＿＿＿＿＿

(2) 根据转换后的逻辑表达式画出逻辑图。

(3) 按照逻辑图在实验箱上连接线路。用开关改变输入端 A、B、C、D 的状态,观察显示灯的状态并与表 2.2.1-2 的结论相比较。

六、实验注意事项

(1) 导线在使用前均要检查是否损坏。

(2) 使用门电路时,注意电源和接地的连接。

(3) 注意门电路闲置端的处理:

输入端:与非门——接电源;并联处理;悬空。或非门——接地;并联处理。

输出端:不允许并联,不直接接电源或地。

(4) 逻辑函数用不同的门电路实现,注意函数的表达方式的变化。

七、实验报告要求

(1) 画出各任务中的实验接线图。
(2) 记录、整理实验结果,判断所测试电路逻辑功能是否正常。
(3) 对结果进行分析,总结实验结论。
(4) 思考用74LS00与非门如何实现非门?

2.2.2(实验二) TTL/CMOS门电路参数测试

一、实验目的

(1) 掌握TTL和CMOS门电路参数的意义。
(2) 了解TTL与非门的电压传输特性。
(3) 掌握TTL与非门电路参数的测试方法。
(4) 掌握CMOS与非门电路参数的测试方法。

二、预习要求

(1) 复习TTL与非门工作原理、电压传输特性。
(2) 了解TTL和CMOS与非门的主要参数。
(3) 了解TTL和CMOS门电路使用的注意事项。

三、实验器材

数字电路实验箱(1台),集成电路74LS00(1块),万用表(2块),双踪示波器(1台),电位器10 kΩ(1只)。74LS00、CD4011B管脚图如图2.2.2-1所示。

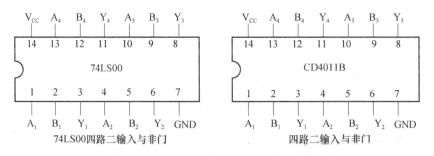

图2.2.2-1 74LS00和CD4011B芯片管脚图

四、实验原理

在系统电路设计时,往往要用到一些门电路,而门电路的一些特性参数的好坏,在很大程度上影响整机工作的性能。TTL 系列和 CMOS 系列数字逻辑电路是数字电路设计中最常见的两个系列。目前使用较普遍的双极性数字集成电路是 TTL 逻辑门电路,它的品种已超过千种。CMOS 逻辑门电路是在 TTL 电路问世后开发出的另一种应用较为广泛的集成器件。CMOS 的工作速度可以接近 TTL 器件,而它的功耗和抗干扰能力却大大优于 TTL 器件。早期的 CMOS 门电路为 4000 系列,后发展为 4000B 系列。当前与 TTL 兼容的 CMOS 器件如 74HCT 系列等,可与 TTL 器件替换使用。

通常,参数按时间特性分两种:静态参数和动态参数。静态参数指电路在稳定的逻辑状态下测得的参数;动态参数指逻辑状态转换过程中与时间有关的参数。

1. TTL"与非门"的主要参数

本实验选用 TTL 双极性数字集成逻辑门 74LS00,TTL 逻辑门电路的主要参数有以下几项。

1) 电源特性参数 I_{CCL}、I_{CCH}

I_{CCL} 是指输出端为低电平时电源提供给器件的电流,即逻辑门的输入端全部悬空或接高电平,且该门输出端空载时电源提供器件的电流;I_{CCH} 是指输出端为高电平时电源提供给器件的电流,即逻辑门的输入端至少有一个接地,且输出端空载时电源提供器件的电流。注意 74LS00 集成器件是 4 个门的电源连在一起的,实验测量时,所测得电流是单个门电流的 4 倍。

2) 电压传输特性

指输出电压 V_O 随输入电压 V_I 变化而变化的特性,通常用电压传输特性曲线 $V_O - V_I$ 来表示,如图 2.2.2 - 2 所示。

3) 输出高电平 V_{OH}、低电平 V_{OL}

指输出端空载,输入端有一个或一个以上接低电平时所对应的输出端电压。一般 $V_{OH} \geq 2.4$ V,V_{OH} 是在输出端空载,输入全为高电平时所对应的输出端电压;一般 $V_{OL} \leq 0.4$ V。

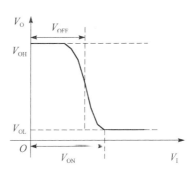

图 2.2.2 - 2　电压传输特性

4) 开门电平 V_{ON}、关门电平 V_{OFF}

V_{ON} 指使输出电压刚刚达到低电平 V_{OL} 时的最低输入电压;V_{OFF} 指使输出电压刚刚达到高电平 V_{OH} 时的最高输入电压。

5) 扇出系数 N_O

指在电路正常工作的条件下,能驱动同类门电路的个数。

6) 平均传输延时 T_{pd}

TTL 与非门动态参数主要是指传输延迟时间,$T_{pd} = (T_{pdL} + T_{pdH})/2$,是衡量开关电路速度的重要指标,如图 2.2.2 - 3 所示。其中,导通延时 T_{pdL} 是指输入波形上升沿中点与输出波形下降沿中点的时间间隔。关断延时 T_{pdH} 是指输入波形下降沿中点与输出波形上升沿中点时间间隔。T_{pd} 的近似测量方法为：

$$T_{pd} = T/6$$

T 为用 3 个门电路组成振荡器的周期。

图 2.2.2-3 平均传输延迟时间 T_{pd}

7）功耗 P_o

门电路的电源平均电流与电源电压的乘积称为门电路的功耗。当输入全为高电平、输出为低电平且不带负载时的功耗称为空载导通功耗 P_{on}；当输入有低电平、输出为高电平且不带负载时的功耗称为空载截止功耗 P_{off}。

五、实验任务与步骤

TTL 选用 74LS00 集成电路，CMOS 选用 CD4011B 集成电路。首先验证其逻辑功能，正确后，再完成以下任务。

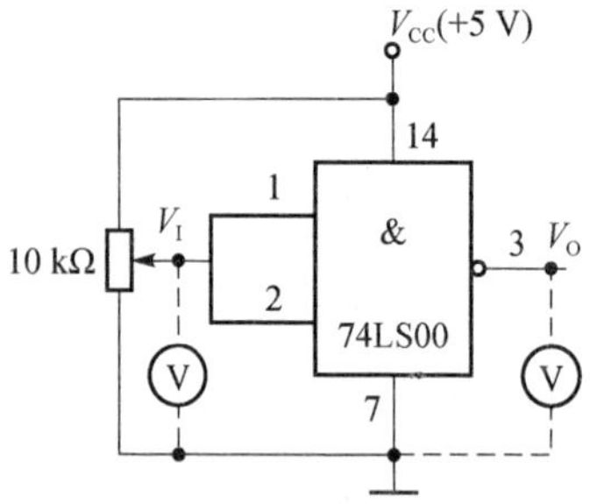

任务一：测量 TTL 与非门的电压传输特性曲线。

（1）按图 2.2.2-4 连接实验电路。

（2）通过调节电位器改变输入电压，分别使输入电压按表 2.2.2-1 中各值来取值。并测量出此时的输出电压值，完成表 2.2.2-1。

（3）据表 2.2.2-1 得出的数据，绘出电压传输特性曲线 V_O-V_I。

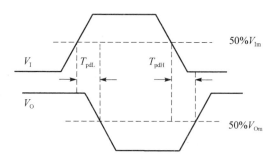

图 2.2.2-4 74LS00 电压传输特性曲线测试接线图

表 2.2.2-1 电压传输数据表

V_I/V	0.1	0.3	0.6	0.8	1.0	1.1	1.2	1.3	1.4	1.5	1.7	2.0	2.6	3.6
V_O/V														

任务二：TTL 与非门其他主要参数测试。

（1）空载导通功耗 P_{on}：测试电路见图 2.2.2-5(a)；将逻辑开关 K_1 和 K_2 置 "1"，读出导通电流 I_{CCL} 和电压 V_{CC} 值。计算 P_{on} 的值。

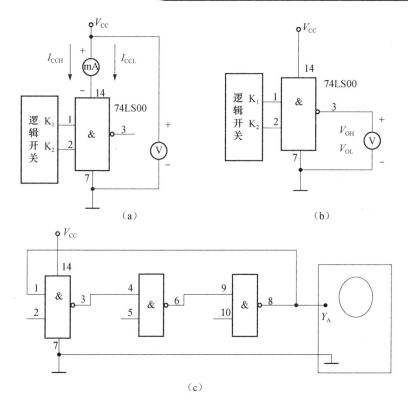

图 2.2.2-5　TTL 与非门参数测试

$$P_{on} = V_{CC} \cdot I_{CCL} = \underline{\qquad}$$

空载截止功耗 P_{off}：测试电路见图 2.2.5-5(a)；将逻辑开关 K_1 和 K_2 置"0"，读出截止电流 I_{CCH} 和电压 V_{CC} 值。计算 P_{off} 的值。

$$P_{off} = V_{CC} \cdot I_{CCH} = \underline{\qquad}$$

(2) 输出高电平 V_{OH}：测试电路见图 2.2.2-5(b)；将逻辑开关 K_1 和 K_2 置"0"，读出电压值 $V_{OH} = \underline{\qquad}$。

输出低电平：测试电路见图 2.2.2-5(b)；将逻辑开关 K_1 和 K_2 均置"1"，读出电压值 $V_{OL}\underline{\qquad}$。

(3) 平均传输延时 T_{pd}：测试电路见图 2.2.2-5(c)；按图接线，3 个与非门组成环形振荡器，从示波器中读出振荡周期 T。计算平均传输延迟时间 $T_{pd} = T/6 = \underline{\qquad}$。

任务三(选作)：CMOS 与非门的参数测试。

测试 CMOS 器件静态参数时的电路与测试 TTL 静态参数的电路大体相同，不过要注意 CMOS 器件和 TTL 器件的使用规则不同，对各个管脚的处理要注意符合逻辑关系。

(1) 电压传输特性参数测试：测试方法与测试电路与 TTL 相同，连接线路见图

2.2.2-4 所示,通过调节电位器改变输入电压,分别使输入电压按表 2.2.2-2 中各 V_I 取值。并测量出此时的输出电压 V_O 值,完成表 2.2.2-2。据表 2.2.2-2 得出的数据,绘出电压传输特性曲线 $V_O - V_I$。

表 2.2.2-2 电压传输数据表

V_I/V	0	1.0	2.0	2.2	2.3	2.35	2.4	2.45	2.5	2.55	2.6	2.7	2.8	3.0	5.0
V_O/V															

(2) 平均传输延时 T_{pd}:测试方法与测试电路与 TTL 相同,测试电路见图 2.2.2-5(c);按图接线,3 个与非门组成环形振荡器,从示波器中读出振荡周期 T。计算平均传输延迟时间:$T_{pd} = T/6 = $ _____。

六、实验注意事项

(1) 各门电路在应用之前,首先要验证其逻辑功能的正确性。

(2) TTL 集成门电路接电源时,应保证电源电压在 4.5~5.5 V 范围内,否则可能会损坏集成电路。

(3) CMOS 电源极性不可接反。

(4) 使用电压表和电流表时,应参考测试参数的规范值及测试电路,正确选择量程。

七、实验报告要求

(1) 记录并计算出实验测得的门电路各参数值,然后与器件规范值比较。

(2) 用方格纸画出电压传输特性曲线。

(3) 思考 TTL 和 CMOS 输出端能直接接电源或接地吗?输出端能否并联使用?

2.2.3(实验三) 集电极开路(OC)门与三态门

一、实验目的

(1) 掌握集电极开路门的逻辑功能及使用方法。

(2) 了解负载电阻对 OC 门的影响。

(3) 掌握三态门的逻辑功能及使用方法。

二、预习要求

(1) 复习集电极开路(OC)门、三态门的工作原理和方法。

(2) 了解实验中所用集成器件的管脚图和使用方法。

三、实验器材

数字电路实验箱(1 台),万用表(1 块),74LS01(1 片),74LS125(1 片)。

74LS01 OC 与非门、74LS125 三态门管脚图如图 2.2.3 – 1 所示。

图 2.2.3 – 1　74LS01 OC 与非门与 74LS125 三态门管脚图

四、实验原理

数字系统中有时需要把两个或两个以上集成逻辑门的输出端直接并接在一起,实现一定的逻辑功能。TTL 门电路由于输出高电平 V_{OH} 只有 3.6 V 或输出的电流过小不足以驱动后级电路,而使其输出电阻太小,因此,一般 TTL 门电路不允许将它们的输出端并接在一起使用。输出级 OC 门输出端处于开路状态,使用时在输出端与电源之间接一个适当的电阻,就可改善此问题。三态门除了正常的高电平"1"和低电平"0"两种状态外,还有第三种状态输出——高阻态。OC 门和三态门是两种特殊的 TTL 电路,若干个 OC 门或三态门的输出可以并接在一起,构成"线与"的功能。

1. 集电极开路(OC)门

集电极开路"与非"门的逻辑符号如图 2.2.3 – 2 所示,由于输出端内部电路——输出管的集电极是开路的,所以工作时需外接上电源和上拉电阻才能正常实现逻辑功能。

在功能上,允许将 OC 门的输出端直接接在一起,实现"线与"功能。如图 2.2.3 – 3 所示,其逻辑表达式为:

$$Y = \overline{AB} \cdot \overline{CD} = \overline{AB + CD}$$

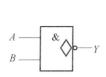

图 2.2.3 – 2　OC 与非门逻辑符号

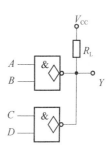

图 2.2.3 – 3　OC 与非门"线与"应用

几个 OC 门输出端并接时负载电阻值 R_L 可由下列两式确定:

$$R_{Lmin} = \frac{V_{CC} - V_{OH}}{nI_{OH} + mI_{IH}} \qquad R_{Lmax} = \frac{V_{CC} - V_{OL}}{I_{OL} + NI_{IL}}$$

式中　n——"线与"OC 门的个数;

m——接入电路的负载门输入端个数;

N——负载门的个数;

I_{OH}——OC 门输出管的截止漏电流;

I_{OL}——OC 门输出管允许的最大负载电流;

I_{IL}——负载门的低电平输入电流;

I_{IH}——负载门的高电平输入电流。

R_L 的取值要介于 R_{Lmin} 和 R_{Lmax} 之间,R_L 的大小还会影响输出波形的边沿时间。

除了"线与"功能,OC 门的主要应用还有:实现逻辑电平的转换,以推动较大电流或较高电压负载;组成信息通道(总线),实现多路信息采集。

2. 三态门

它是在逻辑门的基础上,加上一个控制端(又称禁止端或使能端)EN 和控制电路构成。三态门有"0""1""高阻态"3 种状态,当 EN 为有效状态时,逻辑门处于正常工作状态;当 EN 为无效状态时,逻辑门处于禁止工作状态。三态门的有效状态可以是高电平有效,也可以是低电平有效。如对于高电平有效的三态门,当 $EN=1$ 时,三态门的输出由数据输入端决定,取值可"0"可"1";当 $EN=0$ 时,电路处于第三状态——高阻态,信号无法通过门电路。注意由于三态门输出电路结构与普通 TTL 电路相同,所以控制端 EN 不能有一个以上同时有效,否则造成普通 TTL 门"线与"的问题,这是绝对不允许的。

三态电路最重要的用途是实现多路信息的采集,即用一个传输通道(或称总线)以选通的方式传送多路信号。

常用的三态逻辑门电路有:控制端是低电平有效的 74LS125 和控制端是高电平有效的 74LS126 的三态门。本实验采用 74LS125 三态门电路进行实验论证,当 $EN=0$ 时,其逻辑关系为 $Y=A$,当 $EN=1$ 时,为高阻态。

五、实验任务与步骤

任务一:集电极开路(OC 门)"与非"门逻辑功能测试。

(1) 将 74LS01 插入实验箱的 IC 插座中。按原理图 2.2.3 – 4 和测试电路图 2.2.3 – 5 接线。其中,电位器 R_W 选择 10 kΩ。

(2) 设 $V_{OH}=2.8$ V,$V_{OL}=0.3$ V。调节输入信号,先使电路能够输出逻辑高电平,再调电位器,用万用表测出此时保证输出大于 0.3 V 的 R_L 值即为 R_{Lmax}:

$R_{Lmax}=$ _____

再调节输入信号,先使电路能够输出逻辑低电平,调电位器,测出此时保证输出小于 2.8 V 的 R_L 值即为 R_{Lmin}:

R_{Lmin} = _____

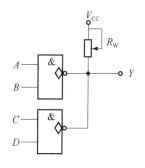

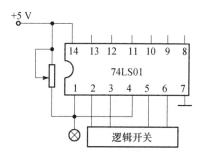

图 2.2.3-4 OC 门"线与"逻辑电路   图 2.2.3-5 OC 门"线与"接线电路

(3) 根据测试结果,R_L 选中间值接入电路,测试并记录电路的逻辑功能。按表 2.2.3-1 要求,用开关设 A、B、C、D 的输入状态,借助指示灯和万用表观测输出端的相应状态,并填入表 2.2.3-1 中。

表 2.2.3-1 OC 门"线与"逻辑功能测试

输 入				输出
A	B	C	D	逻辑状态 Y
0	0	0	0	
0	0	0	1	
0	0	1	0	
0	0	1	1	
0	1	0	0	
0	1	0	1	
0	1	1	0	
0	1	1	1	
1	0	0	0	
1	0	0	1	
1	0	1	0	
1	0	1	1	
1	1	0	0	
1	1	0	1	
1	1	1	0	
1	1	1	1	

任务二:三态门 74LS125 的逻辑功能测试。

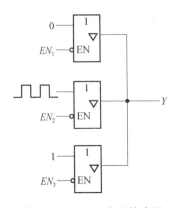

图 2.2.3-6 三态门的应用

(1) 将 74LS125 插入实验箱的 IC 插座中。按原理图 2.2.3-6 接线。其中,三态门 3 个输入端分别接地("0"电平)、电源("1"电平)和连续脉冲源($f=1\ \text{kHz}$),输出连在一起接显示状态灯。3 个使能端 EN 分别接逻辑开关,并先全部置"1"。

(2) 在 3 个使能端 EN 均为 1 时,用万用表测量输出端 Y,并记录在表 2.2.3-2 中。

(3) 拨动逻辑开关,分别改变控制端 EN_1、EN_2、EN_3 的状态,观察并用万用表测量输出端 Y 的变化情况,将结果记入表 2.2.3-2 中。

表 2.2.3-2 三态门功能测试

输 入			输 出
EN_1	EN_2	EN_3	Y
1	1	1	
0	1	1	
1	0	1	
1	1	0	

六、实验注意事项

(1) TTL OC 门在使用时必须外接电阻 R_L。

(2) OC 门实验中,应先把电位器滑动到阻值最大处再进行相应实验。

(3) 三态门在使用前,应先把各门的使能端 EN 置于无效状态,在使用中,一定不能出现一个以上的端子同时有效的现象。

七、实验报告要求

(1) 画出各任务实验中的电路图。
(2) 整理实验数据、表格,分析实验结果。

2.2.4(实验四) 编码器、译码器及其应用

一、实验目的

(1) 掌握中规模集成电路译码器和编码器的工作原理及逻辑功能。
(2) 掌握译码器实现任意逻辑函数的方法。
(3) 掌握显示译码器和显示器件的使用方法。

二、预习要求

(1) 熟悉实验中所用编码器、译码器集成电路的管脚图。

(2) 复习编码器、译码器的工作原理。

三、实验器材

数字电路实验箱(1 台),集成电路 74LS148、74LS20(各 1 块),74LS138(2 块)。74LS148、74LS20、74LS138 管脚图如图 2.2.4 – 1 所示。

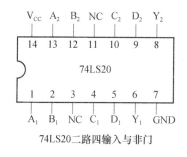

74LS20二路四输入与非门

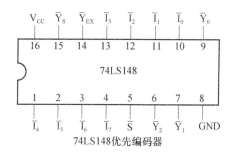

74LS148优先编码器

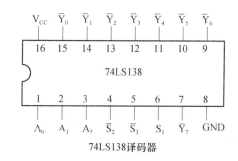

74LS138译码器

图 2.2.4 – 1　74LS148、74LS20、74LS138 管脚图

四、实验原理

(1) 编码器就是实现编码操作的电路,按照被编码信息的不同特点和要求,编码器分为:

① 二进制编码器:若编码器的输入、输出端满足 $2^N = M$,则称为二进制编码器。常见的二进制编码器有 4 线 – 2 线、8 线 – 3 线、16 线 – 4 线等。

② 二 – 十进制编码器:将十进制数的 0~9 编成 BCD 码,如 10 线十进制 – 4 线 BCD 码编码器 74LS147 等。

③ 优先编码器:允许多个输入端同时输入信号,电路只对其中优先级别最高的信号进行编码,如 8 线 – 3 线优先编码器 74LS148 等。

无论何种编码器,一般具有 M 个输入端(编码对象),N 个输出端(N 位码元),输入输出端口数的关系应满足:$2^N \geq M$。

(2) 中规模集成电路 74LS148。

74LS148 是常见的 8 线 – 3 线优先编码器,图 2.2.4 – 1 中列出了其引脚排列。

其中非号表示低电平有效。$\bar{I}_7 \sim \bar{I}_0$ 为输入信号端，$\bar{Y}_2 \sim \bar{Y}_0$ 是输出端。输入 $\bar{I}_7$ 为最高优先级。

74LS148 优先编码器有 3 个使能端：

① $\bar{S}$：输入使能端。$\bar{S}=0$ 时，编码器工作；$\bar{S}=1$ 时，编码器被封锁，不编码。

② $\bar{Y}_{EX}$：用于扩展功能的输出端，$\bar{Y}_{EX}$ 有效表示编码器有编码输出。

③ $\bar{Y}_S$：也是用于扩展功能的输出端，为选通输出端。在无有效信号输入时 $\bar{Y}_S$ 端输出为低电平，可用于选通扩展的其他集成块，使之开始工作。

(3) 译码是编码的逆过程。所谓译码，就是把每一组输入的二进制代码翻译成原来的特定信息，实现译码操作的电路称作译码器。译码器分为：

① 变量译码器：变量译码器又称二进制译码器，如中规模 2 线 – 4 线译码器 74LS139，3 线 – 8 线译码器 74LS138 等。

② 码制变换译码器：用于一个数据的不同代码之间的相互转换，如 BCD 码二 – 十进制译码器 74LS42 等，将输入的每组 4 位二进制码翻译为对应的 1 位十进制数。

③ 显示译码器：能够把 BCD 码等码元进行译码，以译码器的输出信号去驱动数字显示器件显示出结果，如驱动共阴极显示管的译码器 74LS48 和驱动共阳极显示管的译码器 74LS47 等。

数码显示电路 – 译码器的应用：常见的数码显示器有半导体数码管（LED）和液晶显示器（LCD）两种。其中 LED 又分为共阴极和共阳极两种类型，半导体数码管和液晶显示器都可以用 TTL 和 CMOS 集成电路驱动，显示译码器的作用就是将 BCD 代码译成数码管所需要的驱动信号。

(4) 中规模集成电路 74LS138。

74LS138 是集成 3 线 – 8 线译码器，输入高电平有效，输出低电平有效，图 2.2.4 – 1 中列出了其引脚排列。其中，A_2、A_1、A_0 为地址输入端，S_1、$\bar{S}_2$、$\bar{S}_3$ 为使能端。

译码器的用途很广，除用于译码外，还可以用它实现任意逻辑函数。由前所知，n 变量输入的二进制译码器共有 2^n 个输出，并且每个输出代表一个 n 变量的最小项。由于任何函数总能表示成最小项之和的形式，所以，只要在二进制译码器的输出端适当增加逻辑门，就可以实现任何形式的输入变量不大于 n 的组合逻辑函数。

五、实验任务与步骤

任务一：74LS148 编码器、74LS138 译码器逻辑功能测试。

(1) 在实验箱上插上 74LS148 集成门电路，并接上 +5 V 的电源与地线。将输入端引脚接实验箱的逻辑开关，输出端引脚接显示状态灯。

(2) 将输入端逻辑开关按照表 2.2.4 – 1 分别置逻辑"1"和逻辑"0"，观察输出端显示状态灯的逻辑状态,完成表2.2.4-1。

表2.2.4-1 74LS148编码器逻辑功能表

\multicolumn{9}{c	}{输入}	\multicolumn{5}{c}{输出}
$\overline{S}$	$\overline{I_0}$	$\overline{I_1}$	$\overline{I_2}$	$\overline{I_3}$	$\overline{I_4}$	$\overline{I_5}$	$\overline{I_6}$	$\overline{I_7}$	$\overline{Y_2}$	$\overline{Y_1}$	$\overline{Y_0}$	$\overline{Y_S}$	$\overline{Y_{EX}}$
1	×	×	×	×	×	×	×	×					
0	1	1	1	1	1	1	1	1					
0	×	×	×	×	×	×	×	0					
0	×	×	×	×	×	×	0	1					
0	×	×	×	×	×	0	1	1					
0	×	×	×	×	0	1	1	1					
0	×	×	×	0	1	1	1	1					
0	×	×	0	1	1	1	1	1					
0	×	0	1	1	1	1	1	1					
0	0	1	1	1	1	1	1	1					

(3) 在实验箱上插上74LS138集成门电路,测试其逻辑功能并完成表2.2.4-2,方法同上。

表2.2.4-2 74LS138译码器逻辑功能表

\multicolumn{5}{c	}{输入}	\multicolumn{8}{c}{输出}
S_1	$\overline{S_2}+\overline{S_3}$	A_2	A_1	A_0	$\overline{Y_7}$	$\overline{Y_6}$	$\overline{Y_5}$	$\overline{Y_4}$	$\overline{Y_3}$	$\overline{Y_2}$	$\overline{Y_1}$	$\overline{Y_0}$
×	1	×	×	×								
0	×	×	×	×								
1	0	0	0	0								
1	0	0	0	1								
1	0	0	1	0								
1	0	0	1	1								
1	0	1	0	0								
1	0	1	0	1								
1	0	1	1	0								
1	0	1	1	1								

任务二:用译码器74LS138实现函数 $F=A\overline{B}+B\overline{C}$。

(1) 写出函数的最小项表达式 $F=$ _____。

(2) 画出用74LS138实现函数的逻辑电路图。(提示:将函数中的输入变量 A、B、C 作为译码器的地址输入信号,分别送入 A_2、A_1、A_0 输入端,再根据最小项表达式选择对应的译码器输出端,根据表达式将各输出端接适当的逻辑门电路即可得到函数,该任务中可将各输出端接与非门 74LS20 实现"与非"逻辑运算,与非门的输出即函数的输出。)

(3) 按照逻辑图连接线路。用开关改变输入变量 A、B、C 的状态,记录使输出状态为逻辑"1"的输入状态,填入表 2.2.4 – 3 中,并将观察结果与理论值相比较,验证是否实现该函数。

表 2.2.4 – 3　逻辑函数的实现

输入			输出
A	B	C	F_1
			1

任务三:用两个 3 线 – 8 线译码器构成 4 线 – 16 线译码器。

(1) 将两片译码器 74LS138 插入实验箱插座中,按图 2.2.4 – 2 接线,并接上 +5 V 的电源与地线。

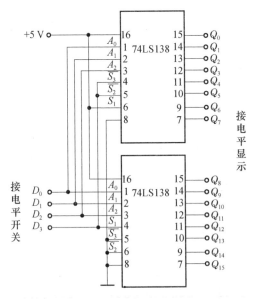

图 2.2.4 – 2　两片 3 线 – 8 线译码器扩展为 4 线 – 16 线译码器

(2) 将输入端引脚接实验箱的逻辑开关,输出端引脚接显示状态灯。将输入端逻辑开关按照表 2.2.4 – 4 的组合状态分别置逻辑"1"和逻辑"0",观察所对应的输出端哪个端子呈有效状态(即显示状态灯为绿灯),完成表 2.2.4 – 4。

表 2.2.4-4　74LS138 译码器的扩展

输		入		有效输出端	输		入		有效输出端	输		入		有效输出端
D_3	D_2	D_1	D_0	Q_i	D_3	D_2	D_1	D_0	Q_i	D_3	D_2	D_1	D_0	Q_i
0	0	0	0		0	1	1	0		1	1	0	0	
0	0	0	1		0	1	1	1		1	1	0	1	
0	0	1	0		1	0	0	0		1	1	1	0	
0	0	1	1		1	0	0	1		1	1	1	1	
0	1	0	0		1	0	1	0						
0	1	0	1		1	0	1	1						

六、实验注意事项

(1) 注意集成电路输入控制端和输出控制端的信号。

(2) 74LS20 与非门多余输入端的处理。

(3) 74LS138 扩展时注意控制端的处理。

七、实验报告要求

(1) 画出各任务实验中的逻辑电路图。

(2) 整理实验数据、表格,分析实验结果。

(3) 总结用 74LS138 实现逻辑函数的方法,比较用门电路和用译码器集成电路实现组合电路各有什么优缺点。

2.2.5(实验五)　译码与显示

一、实验目的

(1) 掌握集成译码器的功能和使用方法。

(2) 熟悉数码显示管的使用方法。

(3) 掌握译码与显示电路的综合应用。

二、预习要求

(1) 复习译码、显示电路的工作原理和逻辑电路图。

(2) 查阅相关手册,熟悉集成电路 74LS48 的逻辑功能和管脚图。

三、实验器材

数字电路实验箱(1 台),集成电路 74LS48(1 块),共阴极数码管(1 块),数字万用表(1 台)。74LS48 显示译码器与七段 LED 数码显示器如图 2.2.5-1 所示。

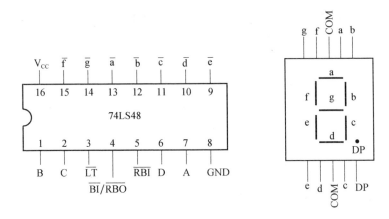

图 2.2.5-1　74LS48 显示译码器与七段 LED 数码显示器管脚图

四、实验原理

数字系统中常需要将数字或运算结果用数字显示,以便查看。显示译码器能够把 BCD 码等码元进行译码,以译码器的输出信号去驱动数字显示器件显示出结果。

1. 显示器件

显示器的产品很多,如辉光数码管、荧光数码管、发光二极管、液晶显示器等。数码显示的方式中,七段显示器应用最普遍。常见的七段数字显示器有半导体数码显示器(LED)和液晶显示器(LCD),由七段可发光的字段组合而成,可表示 0~9 十个数。七段 LED 数码管有共阴极、共阳极两种,如图 2.2.5-2 所示。共阴极是指每段发光二极管的阴极并接接地,若某二极管阳极输入高电平,则该字段点亮。共阳极是指每段二极管的阳极并接接正电源,若二极管阴极输入低电平,则该字段点亮。如图 2.2.5-2 管脚图所示,其中两个"COM"端是各发光二极管的公共端,DP 是小数点信号输入端。

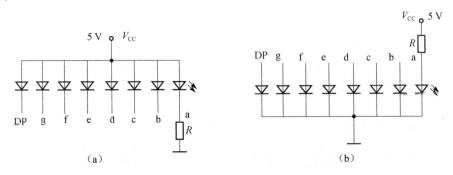

图 2.2.5-2　半导体数码显示器的两种接法
(a)共阳极接法;(b)共阴极接法

2. 显示译码器

显示译码器比较常见的是七段显示译码器,它分两种类型:驱动共阴极显示管的译码器,输出是高电平有效,例如 74LS48、74LS49 等;另一种就是驱动共阳极显示管的译码器,输出是低电平有效,例如 SN7447、74LS47 等。

表 2.2.5 – 1 所示为驱动共阴极显示管的 74LS48 的功能表。由表可知,$DCBA$ 是 8421BCD 码的输入信号,高电平输入有效。$a \sim g$ 是译码器的 7 个输出,用来连接数码管的七段发光二极管,高电平有效,所以适合驱动共阴极 LED 七段数码管。另外还有一些辅助控制端。

表 2.2.5 – 1 74LS48 逻辑功能表

输入							输出							说 明
$\overline{LT}$	$\overline{RBI}$	$\overline{BI/RBO}$	D	C	B	A	a	b	c	d	e	f	g	
0	×	1	×	×	×	×	1	1	1	1	1	1	1	试灯
×	×	0	×	×	×	×	0	0	0	0	0	0	0	熄灭
1	0	0	0	0	0	0	0	0	0	0	0	0	0	灭 0
1	1	1	0	0	0	0	1	1	1	1	1	1	0	显示 0
1	×	1	0	0	0	1	0	1	1	0	0	0	0	显示 1
1	×	1	0	0	1	0	1	1	0	1	1	0	1	显示 2
1	×	1	0	0	1	1	1	1	1	1	0	0	1	显示 3
1	×	1	0	1	0	0	0	1	1	0	0	1	1	显示 4
1	×	1	0	1	0	1	1	0	1	1	0	1	1	显示 5
1	×	1	0	1	1	0	0	0	1	1	1	1	1	显示 6
1	×	1	0	1	1	1	1	1	1	0	0	0	0	显示 7
1	×	1	1	0	0	0	1	1	1	1	1	1	1	显示 8
1	×	1	1	0	0	1	1	1	1	0	0	1	1	显示 9

(1) $\overline{BI/RBO}$:双重功能端。作为输入端,输入低电平有效,输出端七段全灭;作为输出端,输出灭零信号。

(2) $\overline{LT}$:试灯信号。当 $\overline{BI} = 1$,该端输入低电平时,七段全亮,否则显示器件故障。

(3) $\overline{RBI}$:灭零信号。该端输入低电平,就可以熄灭不需要显示的零,而显示为其他数字时,该端不起作用。

驱动共阳极显示管的译码器如 74LS47,其功能引脚与上述译码器相似,但输出端 $a \sim g$ 是输出低电平有效。

五、实验任务与步骤

任务一:显示译码器 74LS48 功能验证。

(1) 在实验箱上插上 74LS48 集成门电路,并接上 +5 V 的电源与地线。其中,D、C、B、A 接实验箱上的 8421BCD 码拨码开关(若没有拨码开关,也可用 4 位逻辑开关代替),输入端分别接逻辑开关,输出端分别接显示状态灯。

(2) 验证各项功能:

① 灭灯功能:置$\overline{BI}/\overline{RBO}=0$,其余状态为任意态,则输出状态 $a \sim g$:_____。

② 试灯功能:置$\overline{LT}=0$,$\overline{BI}/\overline{RBO}=1$,其余状态为任意态,则输出状态 $a \sim g$:_____。

③ 灭零功能:置$\overline{LT}=1$,且$\overline{BI}/\overline{RBO}$作输出接显示状态灯,$\overline{RBI}=0$,拨动拨码开关,使 $DCBA=0000$,则 $a \sim g$ 各段输出为_____,与此同时,$\overline{BI}/\overline{RBO}$输出状态为_____;用拨码开关输入不同的 BCD 代码,使 $DCBA \neq 0000$,观察 $a \sim g$ 各段输出状态的变化。

④ 置$\overline{LT}=1$,$\overline{RBI}=1$,使$\overline{BI}/\overline{RBO}$端悬空,波动逻辑开关,使 $DCBA$ 依次为 0000 ~ 1001,观察输出 $a \sim g$ 的状态变化,与表 2.2.5 – 1 比较,看看是否一致。

任务二:数码显示管共阳极/共阴极的判定。

(1) 方法一:将实验箱的 +5 V 电源通过一个 1 kΩ 电阻接数码管的"COM"端,地线接其余任一引脚,若该引脚对应的 LED 段亮,则为共阳极;反之,将地线接"COM"端,电源接任一引脚且对应段亮,则为共阴极。

(2) 方法二:用万用表测定。将万用表拨到二极管挡位,将红、黑表笔分别接数码管的"COM"端和其他任一引脚,看对应段是否亮,如果不亮,交换表笔。根据 LED 段亮时,数码管"COM"端若接的是万用表的正极,则是共阳极。反之,若接的还是负极,则为共阴极。

任务三:译码显示。

(1) 将译码驱动器 74LS48、共阴极数码管插入实验箱插座中,按图 2.2.5 – 3 接线。其中,数码管的"COM"端接地线,译码器的输入的 4 位二进制代码 DCBA 用拨码开关实现(如实验箱中无 BCD 码拨动开关,可用 4 位逻辑开关代替),其余输入端接逻辑开关,输出接 LED 七段数码显示管的对应端子上(其中 h 为小数点)。

(2) 置$\overline{LT}=0$,$\overline{BI}/\overline{RBO}=1$,其余状态为任意态,这时 LED 数码管全亮。

(3) 置$\overline{BI}/\overline{RBO}=0$,其余状态为任意态,这时数码管全灭,不显示,说明译码显示是好的。常常用此法测试显示器的好坏。

(4) 置$\overline{LT}=1$,$\overline{RBI}=1$,使$\overline{BI}/\overline{RBO}$端悬空,用拨码开关输入不同的 BCD 代码,观察数码管的显示结果是否和拨动开关数据一致。

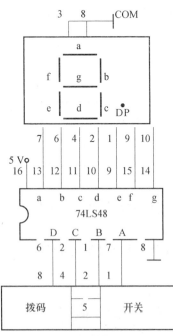

图 2.2.5 – 3 译码显示实验

(5) 在步骤(4)后,保持$\overline{LT}=1$,$\overline{BI}/\overline{RBO}$作输出接显示状态灯,置$\overline{RBI}=1$,按动拨码开关,显示器正常显示。拨动逻辑开关,置$\overline{RBI}=0$,按动拨码开关,BCD 码输出

为0000时,显示器全灭,这时$\overline{BI}/\overline{RBO}$输出为低电平,这就是"灭零"功能。

六、实验注意事项

(1) 选择显示译码器一定要选择和数码显示管对应的。
(2) 注意区分LED数码管是共阳极还是共阴极,两者连接形式有何不同。
(3) 使用万用表测试数码管时,要区分是数字还是机械万用表,二者内部电源方向相反。

七、实验报告要求

(1) 画出实验接线图。
(2) 整理实验结果,分析数据并总结。
(3) 分析显示译码器与变量译码器的根本区别在哪里。

2.2.6(实验六) 数据选择器、数据分配器及其应用

一、实验目的

(1) 掌握中规模集成电路数据选择器的工作原理及逻辑功能。
(2) 掌握数据选择器的应用。
(3) 熟悉数据分配器的构成方法。

二、预习要求

(1) 复习数据选择器、数据分配器的工作原理和特点。
(2) 了解本实验中所用集成电路的管脚图和使用方法。

三、实验器材

数字电路实验箱(1台),集成电路74LS151、74LS138(各1块)。74LS151、74LS138管脚图如图2.2.6-1所示。

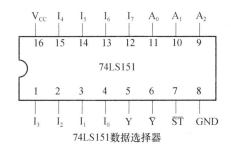 

图2.2.6-1 74LS151数据选择器与74LS138译码器管脚图

四、实验原理

数据选择器也叫多路转换器,类似一个多路开关,它依据输入的地址信号,从

多路数据中选出一路输出。数据选择器有数据输入端 N 个，n 位地址码输入端和 1 个数据输出端。地址码的取值组合决定对应的数据输入端的数据传输到输出端的输出，所以应满足 $2^n \geq N$。数据选择器集成电路有"四选一""八选一""十六选一"等类型，其中 74LS151 就是"八选一"数据选择器，图 2.2.6-1 中列出了其管脚图。其中，$\overline{ST}$ 为使能端，当 $\overline{ST}=1$ 时，该芯片不工作；当 $\overline{ST}=0$ 时，芯片根据地址信息 A_2、A_1、A_0，选择对应的数据输出，其关系为：

$$Y = \overline{A_2}\,\overline{A_1}\,\overline{A_0}D_0 + \overline{A_2}\,\overline{A_1}A_0 D_1 + \overline{A_2}A_1\overline{A_0}D_2 + \overline{A_2}A_1 A_0 D_3 + A_2\overline{A_1}\,\overline{A_0}D_4 + A_2\overline{A_1}A_0 D_5 + A_2 A_1\overline{A_0}D_6 + A_2 A_1 A_0 D_7$$

该表达式中包含地址变量的所有最小项，可以通过数据输入端控制输出函数中所包含的最小项，这种特性可以用来实现逻辑函数。当逻辑函数的变量个数和数据选择器的地址输入变量个数相同时，可直接用数据选择器来实现逻辑函数。当逻辑函数的变量个数多于数据选择器的地址输入变量的个数时，应分离出多余的变量，将余下的变量分别有序地加到数据选择器的数据输入端上。

数据选择器的应用很广。除了可以实现任意形式的函数，还可以将并行码转换成串行码，组成数码比较器等。

数据分配是数据选择的逆过程。数据分配器类似一个单刀多掷开关，将一条通路上的数据分配到多条通路中的一条进行传送。它有一路数据输入端和多路输出端，并有地址码输入端，数据输入端的数据依据地址输入端的信息指示，传送到指定输出端口输出。实际上，带使能端的译码器都可以构成数据分配器。将译码器的一个使能端作为数据输入端，二进制代码输入端作为地址信号输入端使用时，则译码器便成为一个数据分配器。如 74LS138 译码器可以改为"1 线 -8 线"数据分配器。

数据选择器和分配器组合起来，可实现多路分配，即在一条信号线上传送多路信号，如图 2.2.6-2 所示。这种分时地传送多路数字信号的方法在数字通信技术中经常采用。

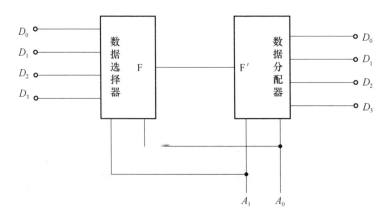

图 2.2.6-2　多路信号的传送

五、实验任务与步骤

任务一：数据选择器74LS151逻辑功能测试。

（1）在实验箱上插上74LS151集成门电路，并接上+5 V的电源与地线。

（2）将输入端引脚接实验箱的逻辑开关，输出端引脚接显示状态灯，其中A_0、A_1、A_2为3位地址码，$\overline{ST}$为低平使能端，$D_0 \sim D_7$为数据输入端。

（3）置数据输入端$D_0 \sim D_7$分别为10101010或11110000，拨动逻辑开关A_2、A_1、A_0使分别为000、001、…、111，观察输出端输出结果，完成表2.2.6-1。实验结果表明，该任务实现了并行码到串行码的转换。

表2.2.6-1 74LS151的功能表

输入				输出	
$\overline{S}$	C	B	A	Y	$\overline{Y}$
1	×	×	×		
0	0	0	0		
0	0	0	1		
0	0	1	0		
0	0	1	1		
0	1	0	0		
0	1	0	1		
0	1	1	0		
0	1	1	1		

任务二：用数据选择器实现函数$F = A + B\overline{C}$。

（1）写出函数的最小项表达式$F =$ _____。将式中出现的最小项对应的数据输入端$D_i =$ _____接"1"，其余输入端$D_j =$ _____接"0"。

（2）画出用74LS151实现函数的逻辑电路图，即将函数中的输入变量A、B、C作为地址码信号输入，集成电路的输出作为函数的输入。

（3）调节逻辑开关，使地址码A_2、A_1、A_0分别为000、001、…、111，记录使输出为逻辑"1"的输入状态，填入表2.2.6-2中，观察输出与输入的关系是否实现该函数。

表2.2.6-2 逻辑函数的实现

输入			输出
A	B	C	F_1
			1

任务三：利用 74LS138 实现数据分配器。

（1）首先在数字实验箱上验证 74LS138 的逻辑功能是否正确。

（2）按照图 2.2.6-3 接线，即将地址码信号作为译码器的二进制输入代码，待分配的数据送到其中一个使能端。

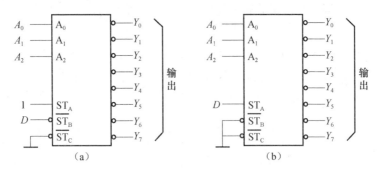

图 2.2.6-3　74LS138 构成的 8 路数据分配器

(a) 输出原码的接法；(b) 输出反码的接法

（3）将输入数据 D 顺序拨动为"1010"，分别观察地址信号从 000～111 所对应的输出结果，完成表 2.2.6-3。

表 2.2.6-3　74LS138 构成的 8 路数据分配器

地址码输入			输出（输入 D 顺序拨动为"1010"，各输出端对应的数据）							
A_2	A_1	A_0	$\overline{Y_0}$	$\overline{Y_1}$	$\overline{Y_2}$	$\overline{Y_3}$	$\overline{Y_4}$	$\overline{Y_5}$	$\overline{Y_6}$	$\overline{Y_7}$
0	0	0								
0	0	1								
0	1	0								
0	1	1								
1	0	0								
1	0	1								
1	1	0								
1	1	1								

（4）观察按照图 2.2.6-3(a)、(b)接线，所得到结果的区别：

六、实验注意事项

（1）各集成电路在使用前必须要先验证其逻辑功能是否正确。

（2）注意集成电路输入控制端和输出控制端的信号。

七、实验报告要求

（1）整理实验数据和实验线路图。

（2）总结用 74LS151 实现逻辑函数的方法，比较和译码器 74LS138 实现函数的不同。

（3）分析用 74LS138 实现数据分配器时，分别输出原码和反码两种电路的工作原理。

2.2.7（实验七） 全加器、半加器

一、实验目的

（1）掌握半加器、全加器的工作原理。
（2）学习用基本门电路构成半加器、全加器的方法。
（3）了解全加器集成电路的使用。

二、预习要求

（1）复习半加器、全加器的工作原理和特点。
（2）查找本实验中所使用的集成电路管脚图及使用方法。

三、实验器材

数字电路实验箱（1 台），集成电路 74LS08、74LS04、74LS183（各 1 块）。74LS183 管脚图如图 2.2.7-1 所示。

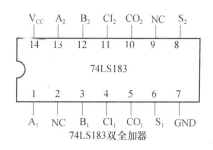

图 2.2.7-1 74LS183 双全加器管脚图

四、实验原理

计算机最基本的任务之一是进行算术运算，在机器中的四则运算——加、减、乘、除都是分解成加法运算进行的，因此加法器是计算机中最基本的运算单元。

1. 半加器

不考虑低位进位，只是本位的两个二进制数相加，叫做半加，实现半加的电路，称作半加器。

半加器的真值表如表 2.2.7-1 所示。由真值表可得半加器的逻辑表达式：

$$S = A\bar{B} + \bar{A}B = A \oplus B$$
$$CO = AB$$

表 2.2.7-1　半加器真值表

输　入		输　出	
被加数 A	加数 B	本位和 S	进位 CO
0	0	0	0
0	1	1	0
1	0	1	0
1	1	0	1

半加器一般可用各种门电路实现,如选用异或门 74LS86 及与门 74LS08 实现。

2. 全加器

需要考虑低位的进位,即将两个加数和低位来的进位数相加,叫做全加,实现全加的电路,称作全加器。

全加器的真值表如表 2.2.7-2 所示。由真值表可得半加器的逻辑表达式:

$$S = \overline{A}\,\overline{B} \cdot CI + \overline{A}B \cdot \overline{CI} + A\overline{B} \cdot \overline{CI} + AB \cdot CI$$
$$= A \oplus B \oplus CI$$
$$CO = (A \oplus B)CI + AB$$

全加器一般不选用门电路构成,而由集成的双全加器 74LS183 构成,图 2.2.7-1 中列出了其管脚图。其中,A、B 分别为两位加数,CI 为低位进位输入端,CO 为本位进位输出端,S 为本位和。

用一位全加器可以构成多位加法电路,即将低位的进位输出端接到高位的进位输入端,只是由于每一位相加的结果必须等到低一位的进位产生后才能产生,因而运算速度很慢。因此,可以采用超前进位的加法器,如 4 位超前进位加法器 74LS283。

表 2.2.7-2　全加器真值表

输　入			输　出	
被加数 A	加数 B	低位进位 CI	本位和 S	进位 CO
0	0	0	0	0
0	0	1	1	0
0	1	0	1	0
0	1	1	0	1
1	0	0	1	0
1	0	1	0	1
1	1	0	0	1
1	1	1	1	1

五、实验任务与步骤

任务一:用与门 74LS08 和非门 74LS04 实现半加器。

(1) 根据实验原理画出实验实现的逻辑图。将本位和 S 和进位转换成只含"与"和"非"运算的表达式。

$$S = A\overline{B} + \overline{A}B = \underline{\qquad\qquad\qquad}$$
$$CO = AB$$

(2) 将门电路插入实验箱的 IC 插座,首先验证各门电路的逻辑功能正确性,再按照逻辑图接线。将输入端接逻辑开关,输出端接逻辑状态显示灯。

(3) 将输入端逻辑开关按照实验原理中表 2.2.7-1 分别置逻辑"1"和逻辑"0",观察输出端显示状态灯的逻辑状态,比较结果是否与表 2.2.7-1 一致。

任务二:双全加器 74LS183 逻辑功能测试。

(1) 在实验箱上插上 74LS183 集成门电路,并接上 +5 V 的电源与地线。

(2) 将输入端 A、B、CI 分别接逻辑开关 K_1、K_2、K_3,输出端 S 和 CO 接显示状态灯。

(3) 将输入端逻辑开关按照实验原理中表 2.2.7-2 分别置逻辑"1"和逻辑"0",观察输出端显示状态灯的逻辑状态,比较结果是否与表 2.2.7-2 一致。

任务三:用一个双全加器 74LS183 组成两位二进制数的全加器。

(1) 在实验箱上插上 74LS183 集成门电路,并接上 +5 V 的电源与地线。

(2) 根据实验原理画出实现任务的逻辑图。将 A_1、B_1 作为两位数的低位数输入端,A_2、B_2 作为两位数的高位数输入端,CI_1 作为低位进位信号。将 CO_1 进位输出端接 CI_2 进位输入端。S_1、S_2 和 CO_2 分别作为和的低位数、高位数和进位输出信号。即得到表达式:

$$CO_2\,S_2S_1 = A_2A_1 + B_2B_1 + CI_1$$

(3) 将输入端 A_1、B_1、A_2、B_2、CO_1 分别接逻辑开关,并按照表 2.2.7-3 中的数分别置逻辑"1"和逻辑"0",实现几个两位二进制数的相加,输出端 S_1、S_2 和 CO_2 接显示状态灯,记录两位数相加的结果,填入表 2.2.7-3。

表 2.2.7-3 两位全加器

输入					输出		
A_2	A_1	B_2	B_1	CI	CO_2	S_2	S_1
0	1	1	1	0			
1	0	0	1	1			
1	1	1	1	1			

六、实验注意事项

(1) 各集成电路在使用前一定要先验证其逻辑功能。

(2) 74LS183 使用时注意 NC 端的处理。

七、实验报告要求

(1) 整理实验数据和实验线路图。

(2) 试用两块 74LS183 构成 4 位全加器,并画出具体逻辑图。

2.2.8(实验八)　触发器功能测试及其应用

一、实验目的

(1) 掌握集成 D 触发器和 JK 触发器的逻辑功能。
(2) 了解触发器的触发方式。
(3) 熟悉用触发器构成分频器的方法。
(4) 了解触发器的相互转换。

二、预习要求

(1) 复习触发器的分类。
(2) 复习 D 触发器和 JK 触发器的电路图、工作原理和触发方式。
(3) 熟悉本实验所用集成电路的管脚图。

三、实验器材

数字电路实验箱(1 台),双踪示波器(1 台),集成电路 74LS00、74LS74、74LS112(各 1 块)。74LS112 与 74LS74 管脚图如图 2.2.8 - 1 所示。

74LS112双JK触发器

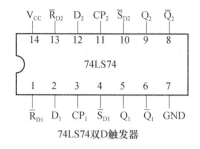
74LS74双D触发器

图 2.2.8 - 1　74LS112 与 74LS74 的管脚图

四、实验原理

触发器是具有记忆作用的基本单元,是用于存储二进制数码的一种数字电路。触发器具有两个基本特性:

(1) 有两个稳态,可分别表示二进制数码"0"和"1"。

(2) 在输入信号作用下,两个稳态可相互转换(称为翻转),已转换的稳定状态可长期保持下来,这就使得触发器能够记忆二进制信息,常用做二进制存储单元。

触发器按其功能可分成 RS 触发器、D 触发器、JK 触发器、T 触发器等多种形式。触发方式有电平触发、主从触发和边沿触发。

1. 基本 RS 触发器

基本 RS 触发器是最基本的触发器,由两个与非门组成的基本 RS 触发器电路结构如图 2.2.8 – 2 所示。

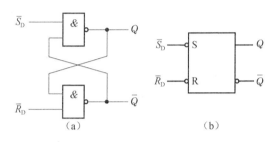

图 2.2.8 – 2　与非门组成的基本 RS 触发器

(a) 逻辑图;(b) 逻辑符号

基本 RS 触发器具有置"0"、置"1"和"保持"3 种功能,通常称 $\overline{S}_D$ 为置"1"端,即 $\overline{S}_D = 0$ 时触发器 $Q = 1$;$\overline{R}_D$ 为置"0"端,即 $\overline{R}_D = 0$ 时触发器 $Q = 0$,称为低电平触发有效;当 $\overline{S}_D = \overline{R}_D = 1$ 时状态保持,基本 RS 触发器不允许 $\overline{S}_D$ 和 $\overline{R}_D$ 同时有效。基本 RS 触发器也可以用两个"或非门"组成,此时为高电平触发有效。

基本 RS 触发器无时钟控制信号,其输出状态的变化完全由输入端决定。时钟触发器是在基本 RS 触发器的结构上逐步演变的,并且引入时钟输入端 CP,则时钟触发器状态的变化还要由时钟信号 CP 决定。最常用的时钟触发器是 D 触发器和 JK 触发器。

2. JK 触发器

JK 触发器的基本结构形式有主从型触发和边沿型触发两种,多数为边沿型触发,且在 CP 脉冲的下降沿(1→0)触发。JK 触发器有置"0"、置"1"、"保持"和"翻转" 4 种功能,特征方程表示为:$Q^{n+1} = J\overline{Q}^n + \overline{K}Q^n$。其逻辑功能真值表如表 2.2.8 – 1 所示。

表 2.2.8 – 1　JK 触发器逻辑功能表

输入(CP 下降沿作用)		输出	
J	K	Q^{n+1}	说明
0	0	Q^n	保持功能
0	1	0	置"0"功能
1	0	1	置"1"功能
1	1	$\overline{Q}^n$	翻转功能

集成 JK 触发器的产品较多,比较典型的有 TTL 集成主从触发器 74LS76 和 74LS72,高速 CMOS 双 JK 触发器 HC76、边沿触发的 JK 触发器 74LS112 等。集成主从触发器 74LS76 内部集成了两个带有异步置"1"端 $\overline{S}_D$ 和异步清零(置"0")端 $\overline{R}_D$ 的 JK 触发器。当不需要强迫置"0"、置"1"时,$\overline{S}_D$ 和 $\overline{R}_D$ 端都应该置高电平。

3. D 触发器

D 触发器属于边沿触发,在 CP 脉冲的前沿(0→1)发生变化,触发器的次态取决于 CP 脉冲上升沿到来前 D 端的状态,即其特征方程为:$Q^{n+1} = D$。D 触发器有置"0"、置"1"两种功能。其逻辑功能真值表如表 2.2.8-2 所示。

表 2.2.8-2 维持阻塞 D 触发器真值表

CP	Q^n	D	Q^{n+1}	说明
↑	0	0	0	置"0"
↑	1	0	0	
↑	0	1	1	置"1"
↑	1	1	1	

维持阻塞 D 触发器具有暂存数据的功能,且边沿特性好,抗干扰能力强,是构成时序逻辑电路的重要部件。常用的集成维持-阻塞 D 触发器是上边沿有效的双 D 触发器 74LS74。双 D 触发器 74LS74 内部也集成了异步置"1"端 $\overline{S}_D$ 和异步清零(置"0")端 $\overline{R}_D$。

在集成触发器的产品中,每一种触发器都有固定的逻辑功能。但可以利用转换的方法获得其他功能的触发器,例如将 JK 触发器转换成 D 触发器。

五、实验任务与步骤

任务一:测试基本 RS 触发器的逻辑功能。

(1) 使用 74LS00 的两个与非门组成基本的 RS 触发器,按图 2.2.8-2(a)连接线路,接上电源与地线。

(2) 将 $\overline{S}_D$ 和 $\overline{R}_D$ 分别接逻辑开关,Q 和 $\overline{Q}$ 分别接显示状态灯。按表 2.2.8-3 将逻辑开关分别置"1"和置"0",观察输出 Q 和 $\overline{Q}$ 的状态,完成表 2.2.8-3。

表 2.2.8-3 基本 RS 触发器功能测试

输入		输出	
$\overline{S}_D$	$\overline{R}_D$	Q	$\overline{Q}$
0	1		
1	0		
1	1		
0	0		

任务二：双 74LS74 D 触发器功能测试。

（1）将 74LS74 双 D 触发器插入实验箱的 IC 插座中，接上电源和地线。将输入端 D 和异步置"1"、置"0"端 $\overline{S}_D$ 和 $\overline{R}_D$ 分别接逻辑开关，时钟脉冲 CP 接实验箱上的单次脉冲（上升沿），输出 Q 和 $\overline{Q}$ 分别接显示状态灯。

（2）验证置位端 $\overline{S}_D$ 和 $\overline{R}_D$ 功能：

① 置 $\overline{R}_D = 0, \overline{S}_D = 1$，则输出 $Q = $ _____；按动单次脉冲，Q 和 $\overline{Q}$ 状态 _____（变化/不变）；改变输入 D，Q 和 $\overline{Q}$ 状态 _____（变化/不变）。

② 置 $\overline{S}_D = 0, \overline{R}_D = 1$，则输出 $Q = $ _____；按动单次脉冲，Q 和 $\overline{Q}$ 状态 _____（变化/不变）；改变输入 D，Q 和 $\overline{Q}$ 状态 _____（变化/不变）。

结论：_____。

（3）D 与 CP 端功能测试：置 $\overline{R}_D = 1, \overline{S}_D = 1$，按表 2.2.8 - 4 改变开关状态，并从 CP 端输入相应的单次脉冲，将观测结果记入表 2.2.8 - 4 中。

表 2.2.8 - 4 D 触发器逻辑功能

输 入				输 出 Q^{n+1}	
D	$\overline{R}_D$	$\overline{S}_D$	CP	原状态 $Q^n = 0$	原状态 $Q^n = 1$
0	1	1	0→1		
0	1	1	1→0		
1	1	1	0→1		
1	1	1	1→0		

结论：_____
_____。

任务三：74LS112 双 JK 触发器功能测试。

（1）将 74LS112 双 JK 触发器插入实验箱的 IC 插座中，接上电源和地线。将输入端 J、K 和异步置"1"、置"0"端 $\overline{S}_D$ 和 $\overline{R}_D$ 分别接逻辑开关，时钟脉冲 CP 接试验箱上的单次脉冲（下降沿），输出 Q 和 $\overline{Q}$ 分别接显示状态灯。

（2）验证置位端 $\overline{S}_D$ 和 $\overline{R}_D$ 功能：

① 置 $\overline{R}_D = 0, \overline{S}_D = 1$，则输出 $Q = $ _____；按动单次脉冲，Q 和 $\overline{Q}$ 状态 _____（变化/不变）；改变输入 J、K，Q 和 $\overline{Q}$ 状态 _____（变化/不变）。

② 置 $\overline{S}_D = 0, \overline{R}_D = 1$，则输出 $Q = $ _____；按动单次脉冲，Q 和 $\overline{Q}$ 状态 _____（变化/不变）；改变输入 J、K，Q 和 $\overline{Q}$ 状态 _____（变化/不变）。

结论：_____
_____。

（3）J、K 与 CP 端功能测试：置 $\overline{R}_D = 1, \overline{S}_D = 1$，按表 2.2.8 - 5 改变开关状态，并从 CP 端输入相应的单次脉冲，将观测结果记入表 2.2.8 - 5 中。

表 2.2.8 – 5 JK 触发器逻辑功能

输入					输出 Q^{n+1}	
J	K	$\overline{R}_D$	$\overline{S}_D$	CP	原状态 $Q^n=0$	原状态 $Q^n=1$
0	0	1	1	0→1		
0	0	1	1	1→0		
0	1	1	1	0→1		
0	1	1	1	1→0		
1	0	1	1	0→1		
1	0	1	1	1→0		
1	1	1	1	0→1		
1	1	1	1	1→0		

结论：_____
_____。

任务四：用触发器构成分频器。

（1）使用一块 74LS74 双 D 触发器构成二分频和四分频器。参照图 2.2.8 – 3 所示电路接线，CP_1 脉冲接实验箱上 1 kHz 的连续脉冲。

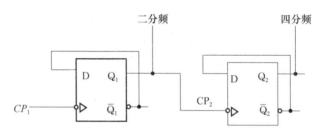

图 2.2.8 – 3　74LS74 双 D 触发器构成分频器

（2）由实验电路图可得：

$$Q_1^{n+1} = \underline{\qquad\qquad}, \quad Q_2^{n+1} = \underline{\qquad\qquad}$$

（3）用双踪示波器观察 CP_1、Q_1、Q_2 各点的波形，记录各信号的周期，并计算出各波形的频率：

$T_{CP} = $ _____ , $f_{CP} = $ _____ Hz；

$T_{Q1} = $ _____ , $f_{Q1} = $ _____ Hz；

$T_{Q2} = $ _____ , $f_{Q2} = $ _____ Hz。

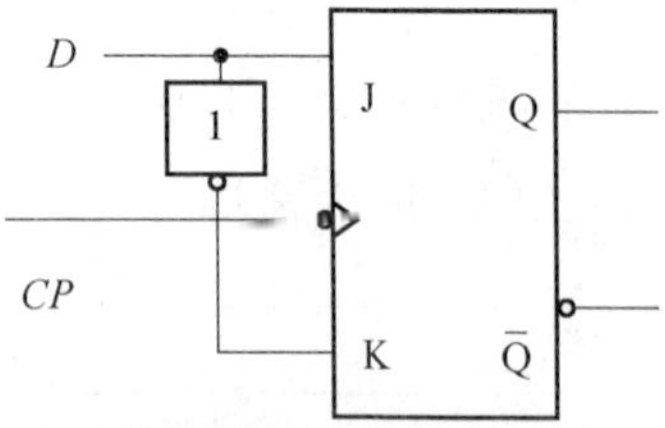

任务五：触发器的功能转换。

（1）使用一块 74LS112 双 JK 触发器转换成 D 触发器。参照测试图 2.2.8 – 4 接线。图中非门采用 74LS00 与非门实现。

（2）将图 2.2.8 – 4 中的 D 输入端接逻辑开关，CP 脉冲接单次脉冲源，输出 Q 和 $\overline{Q}$ 分别接显示状态灯。按表 2.2.8 – 4 改变开关状态及从 CP

图 2.2.8 – 4　JK 触发器转换成 D 触发器

端输入相应的单次脉冲,观察结果并与任务二的测试结果相比较。

(3) 根据上面测试结果及电路图,得出其输出方程为:

$$Q^{n+1} = J\overline{Q}^n + \overline{K}Q^n = \underline{\hspace{3cm}}$$

六、实验注意事项

(1) 在实验中首先应该将使用的门电路、触发器进行功能测试,确认正常后再搭接复杂的电路,才不容易出错。

(2) 判断触发器的触发方式是很重要的。

(3) 在触发器的使用中,注意要让异步置"1"、置"0"端 $\overline{S}_D$ 和 $\overline{R}_D$ 处于无效状态。

七、实验报告要求

(1) 画出实验中的接线电路图。

(2) 整理实验结果,画出示波器观察到的各波形,并进行分析和总结。

(3) 试设计出将 D 触发器转换成 JK 触发器,并画出其转换电路。

2.2.9(实验九) 计数器的应用

一、实验目的

(1) 熟悉常用中规模集成电路计数器的逻辑功能、使用方法及应用。

(2) 掌握构成任意进制计数器的方法。

二、预习要求

(1) 复习计数器电路的工作原理和电路组成结构。

(2) 熟悉中规模集成计数器电路 74LS161、74LS193 的逻辑功能及管脚图。

三、实验器材

数字电路实验箱(1 台),集成电路 74LS161、74LS193、74LS00(各 1 块)。74LS161、74LS193 的管脚图如图 2.2.9-1 所示。

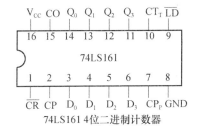
74LS161 4位二进制计数器

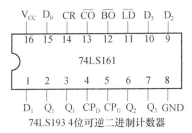
74LS193 4位可逆二进制计数器

图 2.2.9-1 74LS161、74LS193 管脚图

四、实验原理

计数器就是对输入脉冲 CP 的个数进行计数的时序逻辑电路,以实现数字测量、运算、控制。同时兼有分频的功能,是数字系统中的重要部件。

计数器种类很多,根据计数长度的不同可分为二进制(进位模 $M = 2^n$)计数器和非二进制计数器。在非二进制计数器中,最常用的是十进制计数器,其他一般称为任意进制计数器。按计数器中数值增、减情况可分为加法计数器和减法计数器。根据时钟脉冲引入方式的不同,计数器可分为同步计数器、异步计数器以及可逆(双向)计数器。

在实际工程应用中,一般很少使用小规模的触发器去拼接而成各种计数器,而是直接选用集成计数器产品。目前,计数器种类很多,大多具有清零和预置功能,使用者根据器件手册就能正确使用这些器件。

1. 同步二进制计数器

异步计数器由于进位信号是逐级传送的,所以计数速度较慢,并且容易出现因为触发器先后翻转而产生的干扰,形成计数错误。为了提高计数速度和精度,一般可采用同步二进制计数器。例如本实验中的 4 位同步二进制加法计数器 74LS161 以及 4 位同步二进制可逆计数器 74LS193。

74LS161 是计数的模 $M = 16$ 的加法计数器,其逻辑功能如表 2.2.9 – 1 所示。由表可知其功能如下:

(1) $\overline{CR}$:异步清零端。当 $\overline{CR} = 0$ 时,不管其他输入信号状态如何,计数器清零。

(2) $\overline{LD}$:同步并行置数端。当 $\overline{CR} = 1$、$\overline{LD} = 0$ 时,并且要在 CP 时钟上升沿到达时,并行输入数据 $D_0 \sim D_3$,使 $Q_0^{n+1} Q_1^{n+1} Q_2^{n+1} Q_3^{n+1} = D_0 D_1 D_2 D_3$。

此处可以得到:同步控制端与异步控制端的差别在于,同步控制端要在 CP 时钟有效的时候才能起作用。

(3) CT_P、CT_T:工作状态控制端。当 $\overline{CR} = 1$,$\overline{LD} = 1$ 且 $CT_P = CT_T = 1$ 时,计数器对 CP 脉冲按照二进制码循环计数。当 $CT_P \cdot CT_T = 0$ 时,则计数器保持原来的状态不变。

(4) CO:进位输出端。当 $CT_T = 0$ 时,$CO = 0$;当 $CT_T = 1$ 时,$CO = Q_0^n Q_1^n Q_2^n Q_3^n$。

表 2.2.9 – 1 4 位加法计数器 74LS161 逻辑功能

输入					输出				
$\overline{CR}$	$\overline{LD}$	CT_P	CT_T	CP	Q_0^{n+1}	Q_1^{n+1}	Q_2^{n+1}	Q_3^{n+1}	
0	×	×	×	×	0	0	0	0	异步清零
1	0	×	×	↑	D_0	D_1	D_2	D_3	同步置数
1	1	1	1	↑	二进制加法计数				
1	1	0	×	×	保持				
1	1	×	0	×	保持				

74LS193 是计数的模 $M=16$ 的可逆计数器,可以实现加法计数和减法计数功能,其逻辑功能如表 2.2.9-2 所示。

表 2.2.9-2 4 位可逆计数器 74LS193 逻辑功能表

输入					输出				
CR	$\overline{LD}$	CP_U	CP_D		Q_0^{n+1}	Q_1^{n+1}	Q_2^{n+1}	Q_3^{n+1}	
1	×	×	×		0	0	0	0	异步清零
0	0	×	×		D_0	D_1	D_2	D_3	异步置数
0	1	↑	1		二进制加法计数				
0	1	1	↑		二进制减法计数				
0	1	1	1		保持				

其中:

(1) CR:异步清零端,高电平有效。

(2) CP_U:加法计数脉冲输入端;CP_D:减法计数脉冲输入端。

(3) $\overline{LD}$:异步并行置数端。与 74LS161 相似,不同之处在于它是异步的。

(4) $\overline{BO}$:借位脉冲输出端;$\overline{CO}$:进位脉冲输出端。它们是供多个双时钟可逆计数器级联时使用的。当多个 74LS193 级联时,只要把低位的 $\overline{CO}$ 端、$\overline{BO}$ 端分别与高位的 CP_U 端、CP_D 端连接起来,各个芯片的 CR 端和 $\overline{LD}$ 端分别连接在一起,就可以了。

2. 十进制计数器

十进制计数器是指计数的模为 $M=10$ 的计数器,8421BCD 码是用 4 位二进制代码来表示十进制 0～9 十个数码的,显然,BCD 码计数器是十进制计数器。典型的集成异步十进制计数器 74LS90 可实现二—五—十进制计数。74LS90 内部是一个二进制计数器和五进制计数器,分别由 CP_0、CP_1 触发,并具有异步清零和置"9"的功能。74LS190 是同步的可逆十进制计数器,其功能运用与二进制计数器类似。

3. N 进制计数器

集成计数器是厂家生产的定型产品,所以进制和计数顺序不能改变,可以利用反馈法将集成计数器构成任意 N 进制计数器。构成 N 进制计数器时,需要利用清零端或者置数端,让电路跳过本身固定的某些状态,从而获得 N 进制的计数。

常用到的 N 进制构成方法有清零法、置数法和级联法。

(1) 直接清零法:如果集成计数器的模大于 N,且计数状态中含有全 0 的状态,则可以利用清零端 CR 构成新的计数循环。即当计数器计数到 N 进制的最大值状态时,让清零端 CR 有效,从而使计数器从执行计数变为清零状态,提前回到零状态结束计数循环。清零端控制信号的获得一般由 N 进制的最大值状态确定。当计数器为同步清零时,最大值状态 S_{N-1} 即为清零态,通过相应的门电路反馈获得;当计数器为异步清零时,控制信号参考的是一个极其短暂的过渡状态 S_N,即原有状态转换图中 S_{N-1} 的下一个状态。

(2) 置数法:预置数法是利用置数端的功能,当计数器计数到某个状态时,将另一个状态的值(N 进制的计数初态)置给输出端,使得计数器跳过固有的计数顺序,形成新的计数循环。即当计数器计数到 N 进制的最大值状态时,让置数端 $\overline{LD}$ 有效,从而使计数器从执行计数变为置数,提前结束计数循环。置数端控制信号的获得与清零法相同,按照异步置数端和同步置数端,分别取不同的状态。

(3) 级联法:计数器的级联就是将多个集成计数器串接起来,以获得计数容量更大的 N 进制计数器。一般的集成计数器都设有级联用的输入输出功能端口,如进位、借位端、时钟输入端、控制用的输入端口等,只要选用相应的计数器,正确连接,就可以获得所需进制的计数器。

单纯进行级联构成的新的计数器,其模的值 N 等于参与级联的计数器的模的乘积。计数的模通过级联得到扩大,但是计数进制是相对固定的。所以要得到任意进制的大容量的计数器,可以采用级联和前述的清零法、置数法的综合应用得到。

五、实验任务与步骤

任务一:测试加法计数器 74LS161 的功能。

(1) 将 74LS161 插入实验箱上的 IC 空插座中,接上电源与地线。其中,输入端的数据开关 D_0、D_1、D_2、D_3,清零端 $\overline{CR}$,置数端 $\overline{LD}$,工作状态控制端 CT_P、CT_T 分别接逻辑开关;时钟脉冲 CP 接单次脉冲(上升沿);输出端 Q_0、Q_1、Q_2、Q_3,进位端 CO 分别接显示状态灯。

(2) 接线完毕,接通电源,进行功能验证。

① 清零:拨动逻辑开关,使 $\overline{CR}=0$,则输出 $Q_3Q_2Q_1Q_0=$ _____。

② 置数:拨动逻辑开关,设置 $D_3\ D_2\ D_1\ D_0=1010$,再使 $\overline{CR}=1$,$\overline{LD}=0$,输出 $Q_3Q_2Q_1Q_0=$ _____;按动单次脉冲,此时输出 $Q_3\ Q_2\ Q_1\ Q_0=$ _____。

③ 保持功能:置 $\overline{CR}=1$,$\overline{LD}=1$,且 $CT_P=CT_T=0$,则计数器保持。按动单次脉冲输入 CP,计数器输出 $Q_3Q_2Q_1Q_0$ _____(变化/不变)。

④ 计数:置 $\overline{CR}=\overline{LD}=1$,且 $CT_P=CT_T=1$,则计数器处于加法计数状态。可按动单次脉冲 CP,输出显示十六进制计数状态,即从 0000→0001→⋯→1111 进行顺序计数,当计到输出全为 1111 时,进位输出 $CO=1$。

若将 CP 脉冲接 1 Hz 的连续脉冲,可以看到二进制计数器连续计数的情况。

任务二:测试可逆计数器 74LS193 的功能。

74LS193 计数器的使用方法和 74LS161 很相似,只是要注意 CP 脉冲的输入端。

(1) 将 74LS193 插入实验箱上的 IC 空插座中,接上电源与地线。其中,输入端的数据开关 D_0、D_1、D_2、D_3,清零端 CR,置数端 $\overline{LD}$ 分别接逻辑开关;输出端 Q_0、Q_1、Q_2、Q_3,进位端 CO、借位端 BO 分别接显示状态灯。

(2) 接线完毕,接通电源,进行功能验证。

① 清零:拨动逻辑开关,使 $CR=1$,则输出 $Q_3Q_2Q_1Q_0=$ _____。

② 置数:拨动逻辑开关,设置 $D_3D_2D_1D_0=1010$,再使 $CR=0,\overline{LD}=0$,输出 $Q_3Q_2Q_1Q_0=$ _____。

在清零与置数功能验证中,注意观察 CP 脉冲对输出状态的影响。

③ 加法计数:置 $CR=0,\overline{LD}=1$,且将 CP_D 接逻辑开关并置"1", CP_U 接 1 Hz 的连续脉冲,则计数器处于加法计数状态,即从 0000→0001→…→1111 进行顺序计数,当计到输出全为 1111 时,进位输出 $\overline{CO}=0$。

减法计数:同样置 $CR=0,\overline{LD}=1$,但将 CP_U 接逻辑开关并置"1", CP_D 接 1 Hz 的连续脉冲,则计数器处于减法计数状态,即从 1111→1110→…→0000 进行计数,当计到输出全为 0000 时,借位输出 $\overline{BO}=0$。

任务三:用置数法将 74LS161 构成一个十进制计数器,并用数码显示管显示。

(1) 确定新的计数循环为 0000→0001→…→1001,由于 74LS161 为同步置数,所以置数端控制信号 $\overline{LD}=$ _____。

(2) 按照逻辑图 2.2.9 – 2 连线,输入端接逻辑开关,输出端接显示状态灯。将 $\overline{CR}=1$,且 $CT_P=CT_T=1,D_3D_2D_1D_0=0000$,CP 脉冲接 1 Hz 的连续脉冲,观察并记录输出 $Q_3Q_2Q_1Q_0$ 的状态变化:_____

_____。

(3) 用数码显示管显示计数状态:将 $Q_3Q_2Q_1Q_0$ 对应实验箱上数码管显示的 DCBA 4 个输入端即可得到输出显示。

任务四:用清零法将 74LS193 构成一个六进制计数器,并用数码显示管显示。

(1) 确定新的计数循环为 0000→0001→…→0101,由于 74LS193 为异步清零,所以清零端控制信号 $CR=$ _____。注意清零端高电平有效,所以用"与"门反馈回清零端。本次实验只给出"与非"门,所以用两次"与非"运算完成。

(2) 按照逻辑图 2.2.9 – 3 连线,输入端接逻辑开关,输出端接显示状态灯。将 $\overline{LD}=1$,且 $CT_P=CT_T=1,D_3D_2D_1D_0=0000$,CP 脉冲接 1 Hz 的连续脉冲,观察并记录输出 $Q_3Q_2Q_1Q_0$ 的状态变化:_____

_____。

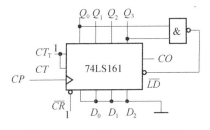

图 2.2.9 – 2 用 74LS161 实现十进制计数器

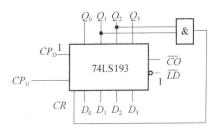

图 2.2.9 – 3 用 74LS193 实现六进制计数器

(3) $Q_3Q_2Q_1Q_0$ 对应实验箱上数码管显示的 *DCBA* 4 个输入端,观察用数码显示管显示的计数状态是否正确。

任务五(拓展训练):用 74LS161、74LS193 构成一个六十进制的计数器。

提示:用任务三、四的实验电路,将 74LS161 作为低位,它的进位端只有当十进制满十进一时会输入上升沿信号,用它可以作为高位片 74LS193 的 *CP* 时钟。即可构成六十进制的计数器。

六、实验注意事项

(1) 集成块功能端有效的状态。
(2) 清零端、置数端同步和异步的区别。
(3) 实现其他进制计数器的时候注意中断状态和反馈线的处理。

七、实验报告要求

(1) 画出实验中的接线电路图。
(2) 整理实验结果,画出各计数器的逻辑功能表,并进行分析和总结。
(3) 总结构成任意进制计数器时要注意的几点事项。

2.2.10(实验十) 寄存器的应用

一、实验目的

(1) 了解寄存器的基本功能。
(2) 掌握集成移位寄存器的逻辑功能和使用方法。
(3) 熟悉寄存器的一般应用。

二、预习要求

(1) 复习寄存器的工作原理和逻辑电路。
(2) 预习中规模集成电路 74LS194 双向移位寄存器的逻辑功能、管脚图及应用方法。

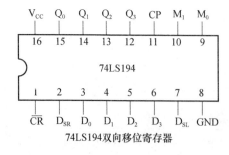

图 2.2.10-1 74LS194 管脚图

三、实验器材

数字电路实验箱(1 台),集成电路 74LS194、74LS04(各 1 块)。74LS194 管脚图如图 2.2.10-1 所示。

四、实验原理

在数字系统中,常常需要将数据或运算

结果暂时存放,以便随时取用。能够暂时存放数据的逻辑电路称为寄存器。寄存器应具有接收数据、存放数据和输出数据的功能,它由触发器和门电路组成。一个触发器可以存放一位二进制数码,若要存放 N 位二进制数码,则需用 N 个触发器。寄存器分为数码寄存器和移位寄存器。

数码寄存器只能单纯的并行存入或者读出数据,而移位寄存器具有移位功能,它是由触发器链型连接的同步时序电路来实现。每个触发器的输出连到下一级触发器的输入端,可以将数据依次由低位向高位或由高位向低位移动,因此移位寄存器具有将串行输入的数码转移成并行的数码输出,也可将并行输入的数码转换成串行输出的功能,这种转换在数据通信中是很重要的。移位寄存器分为单向移位寄存器(左移或右移)和双向移位寄存器(既可左移也可右移)。

集成移位寄存器有多种形式,从位数来看,有 4 位、8 位、双 4 位等。常用的中规模 CMOS 型集成移位寄存器有 CC4014、CC4021 等(8 位移位寄存器),CC4015(串行输入、并行输出的双 4 位移位寄存器),CC40194(并行存取的双向移位寄存器);TTL 型的集成移位寄存器有 74LS194(4 位移位寄存器)和 74LS198(8 位移位寄存器)。

74LS194 是 4 位的双向移位寄存器,其逻辑功能如表 2.2.10 – 1 所示。由表可知其功能如下:

(1) 清零:$\overline{CR}$ 是清零端,低电平有效。

(2) 保持:当工作控制端 $M_1M_0 = 00$ 时,或者 $CP = 0$ 时,寄存器均处于保持状态。

(3) 右移:当 $\overline{CR} = 1$,$M_1M_0 = 01$ 时,寄存器处于右移工作方式,在 CP 脉冲上升沿作用下,右移输入端 D_{SR} 的串行输入数据依次右移。

左移:当 $\overline{CR} = 1$,$M_1M_0 = 10$ 时,寄存器处于左移工作方式,在 CP 脉冲上升沿作用下,左移输入端 D_{SL} 的串行输入数据依次左移。

(4) 并行输入:当 $\overline{CR} = 1$,$M_1M_0 = 11$ 时,寄存器处于并行输入工作方式,在 CP 脉冲上升沿作用下,并行输入的数据 $D_0 \sim D_3$ 同时送入寄存器中,从输出端 $Q_0 \sim Q_3$ 直接并行输出。

表 2.2.10 – 1　74LS194 功能表

输 入						输 出				
$\overline{CR}$	M_1	M_0	CP	D_{SL}	D_{SR}	Q_0	Q_1	Q_2	Q_3	
0	×	×	×	×	×	0	0	0	0	异步清零
1	×	×	0	×	×	保持				
1	1	1	↑	×	×	D_0	D_1	D_2	D_3	并行置数
1	0	1	↑	×	1	1	Q_0	Q_1	Q_2	右移输入 1
1	0	1	↑	×	0	0	Q_0	Q_1	Q_2	右移输入 0
1	1	0	↑	1	×	Q_1	Q_2	Q_3	1	左移输入 1
1	1	0	↑	0	×	Q_1	Q_2	Q_3	0	左移输入 0
1	0	0	×	×	×	保持				

移位寄存器在数字系统中的应用很广,如用于数据显示锁存器、产生序列脉冲信号、数码的串/并与并/串转换、构成计数器等。移位寄存器通过反馈回路或适当的门电路可以构成各种计数器。

① 环形计数器:如图 2.2.10 – 2 所示,将移位寄存器的串行输入端 D_{SL} 和 Q_0 输出端相连,形成一个闭合的环,则构成了一个环形计数器。但是,实现环形计数器时,必须设置适当的初态,不能数码一致(如 0000 或 1111),这样电路才能实现计数。因此,当正脉冲启动信号 Start 到来时,使 $M_1 M_0 = 11$,从而不论移位寄存器的原状态如何,在 CP 作用下总是执行并行置数操作,使 $Q_0 Q_1 Q_2 Q_3 = 1000$。当 Start 由 1 变 0 后,$M_1 M_0 = 01$,在 CP 作用下执行右移操作。可见该计数器共 4 个状态,为模 4 计数器。环形计数器的电路十分简单,N 位移为寄存器可以计 N 个数,实现模 N 计数器,且状态为 1 的输出端的序号即代表收到的计数脉冲的个数,通常不需要任何译码电路。

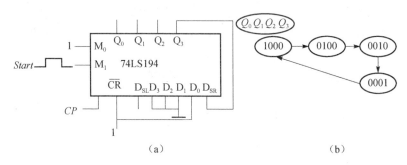

图 2.2.10 – 2 环形计数器
(a)逻辑电路图;(b)状态转换图

② 扭环形计数器:扭环形计数器是将上述接成的右移移位寄存器的串行输入端 D_{SR} 和 Q_3 输出端的反相连接,构成一个闭合的环。如图 2.2.10 – 3 所示。可见该电路有 8 个计数状态,为模 8 计数器。一般,N 位移为寄存器实现模 2^N 的扭环形计数器。

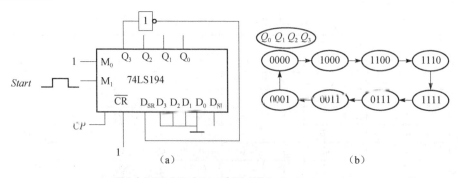

图 2.2.10 – 3 扭环形计数器
(a)逻辑电路图;(b)状态转换图

五、实验任务与步骤

任务一:验证双向移位寄存器74LS194的功能,观察左移、右移功能。

(1)将74LS194插入实验箱上的IC空插座中,接上电源与地线。其中,并行数据输入端 D_0、D_1、D_2、D_3,串行数据输入端 D_{SR}、D_{SL},清零端 $\overline{CR}$,工作方式控制端 M_1、M_0 分别接逻辑开关;输出端 Q_0、Q_1、Q_2、Q_3 分别接显示状态灯。CP端接单次脉冲。

(2)接线完毕,接通电源,进行功能验证。

① 清零:拨动逻辑开关,使 $\overline{CR}=0$,则输出 $Q_3Q_2Q_1Q_0 =$ _____。

② 保持:使 $\overline{CR}=1$,不按动单次脉冲,即使改变 $M_1 M_0$ 的状态,观察输出状态的变化:_____;

或者使 $\overline{CR}=1$,$M_1 = M_0 = 0$,按动单次脉冲,这时观察输出状态的变化:_____。

③ 并行置数:使 $\overline{CR}=1$,$M_1 M_0 = 11$,置数据 $D_3 D_2 D_1 D_0 = 1010$,按动单次脉冲,则输出 $Q_3Q_2Q_1Q_0 =$ _____。可多次改变 $D_3 \sim D_0$ 的数据,观察输出的状态变化。

④ 右移:首先清零,再使 $\overline{CR}=1$,$M_1 M_0 = 01$,拨动开关使 D_{SR} 顺序输入1010,并依次按动单次脉冲,观察输出状态的变化:_____。

左移:同样再使 $\overline{CR}=1$,但 $M_1 M_0 = 10$,拨动开关使 D_{SL} 顺序输入0101,并依次按动单次脉冲,观察输出状态的变化:_____。

将测试结果与表2.2.10-1进行比较,验证结果是否正确。

任务二:将74LS194构成一个环形计数器。

(1)按照图2.2.10-2接线,其中,输入端 $D_0 \sim D_3$、$\overline{CR}$、M_1、M_0 分别接逻辑开关,输出端 $Q_0 \sim Q_3$ 分别接显示状态灯,CP端接单次脉冲,且把 Q_3 接到 D_{SR}。

(2)拨动逻辑开关使 $D_0 \sim D_3 = 1000$,且让 $\overline{CR}=1$,$M_1 M_0 = 11$,按动单次脉冲,测输出 $Q_3Q_2Q_1Q_0 =$ _____。

(3)保持上述操作结果,再次拨动逻辑开关使 $M_1 M_0 = 01$,按动4次单次脉冲,分别记录每次脉冲按动后的输出状态 $Q_3Q_2Q_1Q_0$:_____。

任务三:将74LS194构成一个扭环形计数器。

(1)按照图2.2.10-3接线,方法和任务二相同,但 Q_3 通过一个非门接到 D_{SR}。

(2)拨动逻辑开关使 $D_0 \sim D_3 = 0000$,且让 $\overline{CR}=1$,$M_1 M_0 = 11$,按动单次脉冲,测输出 $Q_3Q_2Q_1Q_0 =$ _____。

(3)保持上述操作结果,再次拨动逻辑开关使 $M_1 M_0 = 01$,按动8次单次脉冲,分别记录每次脉冲按动后的输出状态 $Q_3Q_2Q_1Q_0$:_____。

六、实验注意事项

(1) 注意各门电路在使用前一定要验证其逻辑功能。
(2) 注意集成块功能端有效的状态。
(3) 使用移位寄存器的时候注意左移和右移的方向。

七、实验报告要求

(1) 画出各任务的实验接线图。
(2) 整理各任务结果并进行分析总结,画出任务中的时序状态图,并判断计数器的模。
(3) 思考如何实现串入串出,又可以并行输出的移位寄存器。

2.2.11(实验十一) 555定时器的应用

一、实验目的

(1) 熟悉555时基电路的内部结构及工作原理。
(2) 掌握555时基电路构成单稳电路、多谐振荡器和施密特电路的方法。
(3) 掌握定时元件 RC 对振荡周期和脉冲宽度的影响。
(4) 进一步熟悉脉冲波形产生的测量和调试方法。

二、预习要求

(1) 复习555电路的内部结构及工作原理。
(2) 复习555电路构成单稳电路、多谐振荡器和施密特电路的方法。
(3) 掌握555集成电路的管脚图。

三、实验器材

数字电路实验箱(1台),555定时器(1块),双踪示波器(1台),函数信号发生器(1台)。

四、实验原理

555定时器是一种电路结构简单、使用灵活方便的多用途中规模集成电路,只需在外部配上适当的阻容元件,既可以构成单稳电路、多谐振荡器和施密特电路。它在波形的产生与变换、测量与控制、定时、仿声、电子乐器等方面有广泛的应用。555定时器的电源电压范围大,TTL型为 5~16 V,CMOS型为 3~18 V,驱动电流比较大,一般在 200 mA 左右。

1. 555 定时器工作原理

555 定时器有两个输入端 TH 和 $\overline{TR}$,一个复位端 $\overline{R_D}$,一个输出端 u_O。内部结构含有两个电压比较器 A_1、A_2,一个基本 RS 触发器,一个放电三极管 T 和输出反相器。其电路符号如图 2.2.11-1 所示。其中,V_M 是电压控制端,V_M 的电压加入,可改变两比较器的参考电压,若不用时,可通过电容(通常为 0.01 μF)接地。DIS 为放电三极管 T 的集电极开路输出端。当 5 脚 V_M 悬空时,定时器的功能见表 2.2.11-1 所示。

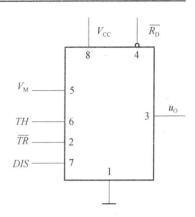

图 2.2.11-1 555 定时器电路符号

表 2.2.11-1 555 定时器功能表

输入			输出	
TH	$\overline{TR}$	复位 $\overline{R_D}$	u_O	放电管 T
×	×	0	0	导通
$>\frac{2}{3}V_{CC}$	$>\frac{1}{3}V_{CC}$	1	0	导通
$<\frac{2}{3}V_{CC}$	$<\frac{1}{3}V_{CC}$	1	1	截止
$<\frac{2}{3}V_{CC}$	$>\frac{1}{3}V_{CC}$	1	保持	不变

555 定时器只要在其相关的输入端输入相应的信号就可得到各种不同的电路,比较典型的应用有:单稳态触发器、多谐振荡器、施密特触发器等。

1) 组成施密特触发器

电路如图 2.2.11-2 所示,只要将 2、6 引脚连在一起作为被整形变换的信号输入端,即可得到施密特触发器。

工作原理:

① 输入电压上升过程:当输入电压 $u_I < \frac{1}{3}V_{CC}$,输出 u_O 为高电平。当输入电压 u_I 上升,只要在 $\frac{1}{3}V_{CC} \sim \frac{2}{3}V_{CC}$ 之间时,输出将保持原来的高电平。当输入电压 $u_I > \frac{2}{3}V_{CC}$,输出 u_O 翻转为低电平。

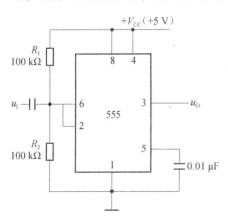

图 2.2.11-2 555 定时器构成施密特电路

② 输入电压下降过程：当输入电压 u_I 从高电平下降，只要在 $\frac{1}{3}V_{CC} \sim \frac{2}{3}V_{CC}$ 范围内时，输出将保持原来的低电平。当输入电压 $u_I < \frac{1}{3}V_{CC}$，输出 u_O 翻转为高电平。

该施密特电路回差电压 $\Delta V_T = V_{T+} - V_{T-} = \frac{1}{3}V_{CC}$。

2）接成单稳电路

单稳态触发器只有一个稳定状态，在外界触发脉冲作用下，电路由稳态翻转到暂稳态，暂稳态持续一段时间后，电路自动返回到稳态。将555定时器的$\overline{TR}$作为触发信号 u_I 输入端，放电管 T 的集电极和 TH 端短接且通过电阻 R 接至 V_{CC}，同时通过电容 C 接地，便组成了如图2.2.11-3所示的单稳态电路，RC 为定时元件。

暂稳态持续时间为 $t_W \approx 1.1RC$。

该电路用输入触发信号 u_I 的下降沿触发。为了使电路能正常工作，要求外触发脉冲的低电平宽度小于输出电压 u_O 的脉冲宽度 t_W，且负脉冲的数值一定低于 $\frac{1}{3}V_{CC}$。

3）构成多谐振荡器

多谐振荡器是一种无稳态电路，接通电源后，无须外加触发信号，就能通过元件的充、放电而不断地自动翻转，产生矩形波。将555定时器的放电管 T 集电极经 R_1 接到电源 V_{CC} 上，再经 R_2 和 C 接地，电容 C 再接 TH 和 $\overline{TR}$ 端便组成了图2.2.11-4所示的多谐振荡器。

暂稳态持续时间为：

$$t_{W1} \approx 0.7(R_1 + R_2)C; \quad t_{W2} \approx 0.7R_2C$$

脉冲周期为：

$$T = t_{W1} + t_{W2} \approx 0.7(R_1 + 2R_2)C$$

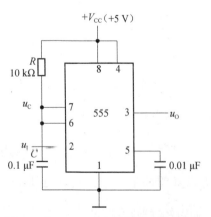

图2.2.11-3　555定时器构成单稳电路

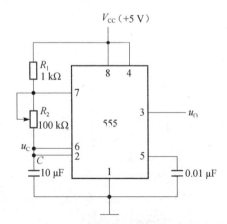

图2.2.11-4　555定时器构成多谐振荡器

五、实验任务与步骤

任务一:将 555 定时器构成单稳态触发器。

(1) 按图 2.2.11 – 3 接线。其中,$R = 10\ \text{k}\Omega, C = 0.1\ \mu\text{F}$。$u_\text{I}$ 输入端(引脚 2)接信号发生器。u_O 输出端(引脚 3)接双踪示波器。

(2) 将信号发生器的波形选择为矩形波,调节频率和占空比,使输入端加入适当频率和脉宽的信号(保证信号周期 $T > t_\text{W}$,并使低电平时间 $< t_\text{W}$);调节电平幅度,使 u_I 负脉冲的数值一定低于 $\frac{1}{3}V_\text{CC}$。

(3) 用示波器观察并绘出 u_I、u_C、u_O 的波形,并记录各波形的周期和脉宽。

任务二:将 555 定时器构成多谐振荡触发器。

(1) 按图 2.2.11 – 4 接线。其中,$R_1 = 1\ \text{k}\Omega, R_2 = 10\ \text{k}\Omega, C = 0.1\ \mu\text{F}$。$u_\text{O}$ 输出端(引脚 3)接双踪示波器。

(2) 接通电源后用示波器观察并绘出 u_C、u_O 的波形,并记录输出波形的周期,$t_{\text{W}1} = \underline{\qquad}, t_{\text{W}2} = \underline{\qquad}$;计算出输出波形的振荡频率 $\underline{\qquad}$;占空比 $\underline{\qquad}$。

任务三:将 555 定时器构成施密特触发器。

(1) 按图 2.2.11 – 2 接线。其中,$R_1 = R_2 = 10\ \text{k}\Omega$,$u_\text{I}$ 输入端接信号发生器,u_O 输出端(引脚 3)接双踪示波器。

(2) 用函数发生器在输入端加入频率 1 kHz,幅值 5 V 的三角波。

(3) 用示波器分别观察并绘出 u_I 和 u_O 波形,测量周期和幅值,并在图上求出阈值电压 $V_{\text{T}+} = \underline{\qquad}$、$V_{\text{T}-} = \underline{\qquad}$ 和回差电压 $\Delta V_\text{T} = \underline{\qquad}$。

六、实验注意事项

(1) 信号发生器通过用示波器观察调节输出信号。
(2) 注意观察电容是否有正、负极之分。

七、实验报告要求

(1) 整理实验线路,画出实验接线图。
(2) 整理实验结果,画出各实验波形。
(3) 记录各波形的周期和脉宽,与理论计算值相比较,求出误差大小。

2.2.12(实验十二) D/A、A/D 转换器

一、实验目的

(1) 熟悉 D/A 转换器和 A/D 转换器的工作原理。
(2) 掌握 D/A 转换器集成芯片 DAC0832 和 A/D 转换器集成芯片 ADC0809

的性能及使用方法。

二、预习要求

(1) 复习 D/A 转换器和 A/D 转换器的工作原理。

(2) 熟悉 DAC0832 和 ADC0809 芯片的各管脚功能及其排列。

(3) 了解 DAC0832 和 ADC0809 芯片的使用方法。

三、实验器材

数字电路实验箱(1台)，集成芯片 DAC0832 和 ADC0809(各1片)，集成运放 μA741(1块)，双踪示波器(1台)，数字万用表(1台)，双路直流电源(1台)。DAC0832 和 ADC0809 的管脚图如图 2.2.12-1 所示。

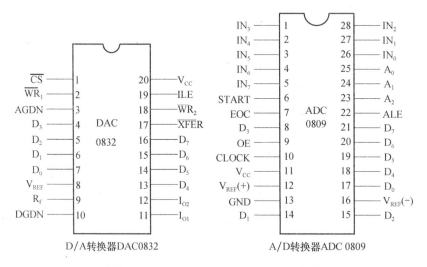

图 2.2.12-1 DAC0832、ADC0809 管脚图

四、实验原理

在现在的电子技术中，常常需要将模拟信号与数字信号进行相互转换。模/数(A/D)转换就是将模拟量转换为在时间、幅度上都离散的数字信号，实现模/数转换的电路称为模/数转换器(ADC)。数/模(D/A)转换就是将数字信号转换为连续变化的模拟信号，实现数/模转换的电路称为数/模转换器(DAC)。目前转换电路的形式很多，本实验采用 D/A 芯片 DAC0832 和 A/D 芯片 ADC0809。

1. D/A 转换器 DAC0832

D/A 芯片 DAC0832 是用 CMOS 工艺制成的 8 位数的单片大规模转换器，它可直接与微处理器相连。芯片内有一个 D/A 转换器和两个 8 位寄存器，数字信号先送入输入寄存后,再送到 DAC 寄存器,用两个寄存器的目的是可以有两次缓冲,D/A 转换器对从 DAC 寄存器中送来的数字信号进行转换。采用双缓冲寄存器,这样可在输出的同时,采集下一个数字量,以提高转换速度。图 2.2.12 - 2 是它的逻辑框图。

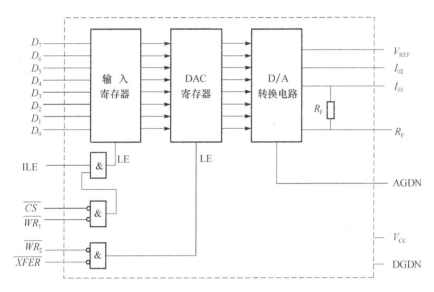

图 2.2.12 - 2　DAC0832 芯片逻辑框图

各引线的功能如下:

$D_0 \sim D_7$:8 位数字量输入端,其中 D_0 为最低位,D_7 为最高位。

I_{01}:DAC 电流输出 1 端,当 DAC 寄存器中全都为 1 时,I_{01} 为最大;当 DAC 寄存器中全都为 0 时,I_{01} 最小。

I_{02}:电流输出 2 端,一般接地。

R_f:芯片内的反馈电阻,用来作为外接运放的反馈电阻。

V_{REF}:基准电压,一般取 - 10 ~ + 10 V。

V_{CC}:电源电压,一般为 5 ~ 15 V。

DGND:数字电路接地端。

AGND:模拟电路接地端,通常与 DGND 相连。

$\overline{CS}$:片选信号输入端(低电平有效)。当 $\overline{CS} = 1$ 时,输入寄存器处于锁存状态,不能接收输入信号;当 $\overline{CS} = 0$ 且 $\overline{WR_1} = 0$,$ILE = 1$ 时输入寄存器打开,处于准备锁存新数据的状态。

ILE:输入寄存器的锁存信号(高电平有效)。当 $ILE = 1$ 且 $\overline{CS} = \overline{WR_1} = 0$ 时,8 位输入寄存器允许输入数据;当 $ILE = 0$ 时,8 位输入寄存器锁存数据。ILE 与 $\overline{CS}$ 共同作用对 $\overline{WR_1}$ 信号进行控制。

$\overline{WR_1}$:写信号 1(低电平有效),在 $\overline{CS} = 0$ 和 $ILE = 1$ 的条件下,$\overline{WR}$ 由 0→1 的上

升沿到来时,才将输入数据送入寄存器中。

$\overline{WR_2}$:写信号2(低电平有效),与$\overline{XFER}$组合,当$\overline{WR_2}$和$\overline{XFER}$均为低电平时,输入寄存器中的8位数据传送给8位DAC寄存器中;$\overline{WR_2}=1$时8位DAC寄存器锁存数据。

$\overline{XFER}$:传递控制信号(低电平有效),用来控制$\overline{WR_2}$选通DAC寄存器。

2. A/D 转换器 ADC0809

ADC0809是一个带有8通道多路开关的能与微处理器兼容的8位A/D转换器,它是单片CMOS器件,采用逐次逼近法进行转换。ADC0809有8个模拟输入端,但某个时刻只能对其中的一路模拟输入进行转换。选哪一路进行转换,由地址锁存与译码器控制。图2.2.12-3是它的逻辑框图和外引线排列图。

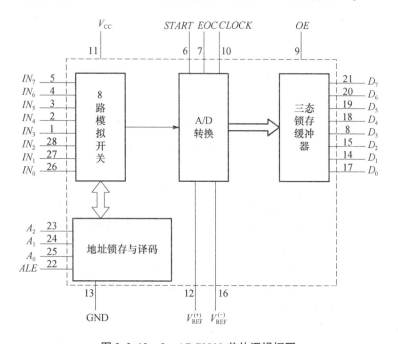

图 2.2.12-3 ADC0809 芯片逻辑框图

各引线的功能如下:

$IN_0 \sim IN_7$:8 路模拟量输入端。

$A_0A_1A_2$:3 位通道地址输入端,$A_0A_1A_2=000 \sim 111$ 时分别选中 $IN_0 \sim IN_7$。

ALE:地址锁存允许输入端(高电平有效),当 ALE = 1 时,允许 $A_0A_1A_2$ 所示的通道被选中。

V_{CC}:电源电压,一般为 +5 V。

$V_{REF}^{(+)}$,$V_{REF}^{(-)}$:参考电压输入端,用来提供 D/A 转换器权电阻的标准电平,一般 $V_{REF}^{(+)}=5$ V,$V_{REF}^{(-)}=0$ V。

OE:输出允许信号(高电平有效),用来打开三态输出锁存器,将数据送到数据总线。

START:启动信号输入端,当 *START* 为高电平时开始 A/D 转换。

EOC:转换结束信号,它在 A/D 转换开始时由高电平变为低电平,转换结束后由低电平变为高电平。

$D_7 \sim D_0$:8 位数字量输出端。

CLOCK:外部时钟信号输入端,改变外接 *RC* 元件,可改变时钟频率,从而决定 A/D 转换的速度。

五、实验任务与步骤

任务一:D/A 转换器测试。

(1)按照图 2.2.12 - 4 所示电路接线。将 DAC0832 和 μA741 插入集成电路底座中,$D_0 \sim D_7$ 接逻辑开关,$\overline{CS}$、$\overline{WR_1}$、$\overline{WR_2}$、$\overline{XFER}$接地,AGND 和 DGND 相连接地,ILE、V_{CC}、V_{REF}接 +5 V 电源。运放电源接 ±15 V,调零电位器 R_{W_1} 接 10 kΩ。输出端电压 u_O 接数字万用表测试电压值。

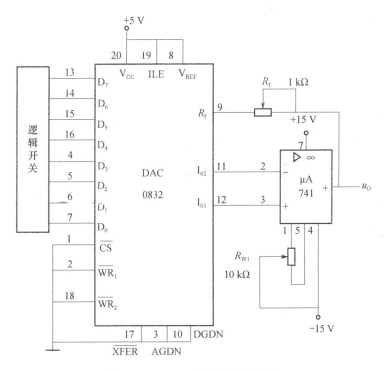

图 2.2.12 - 4 D/A 转换器测试图

(2)调零。接通电源,将数据开关 $D_0 \sim D_7$ 置为全"0",调节运放的调零电位器 R_{W_1},使输出电压 $u_O = 0$。

(3) 拨动逻辑开关,使 $D_0 \sim D_7$ 按表 2.2.12 – 1 所示数字量从低位逐位置"1",并用数字万用表逐次测量输出电压 u_O 的值,填入表 2.2.12 – 1 中。

表 2.2.12 – 1 D/A 转换器输出电压

输入数字量								输出模拟量/V	
D_7	D_6	D_5	D_4	D_3	D_2	D_1	D_0	实测值	理论值
0	0	0	0	0	0	0	0		
0	0	0	0	0	0	0	1		
0	0	0	0	0	0	1	1		
0	0	0	0	0	1	1	1		
0	0	0	0	1	1	1	1		
0	0	0	1	1	1	1	1		
0	0	1	1	1	1	1	1		
0	1	1	1	1	1	1	1		
1	1	1	1	1	1	1	1		

(4) 按照实验原理,计算出各数据对应的理论值,填入表 2.2.12 – 1 中,将实测值与理论值进行比较。

任务二:A/D 转换器测试。

(1) 按照图 2.2.12 – 5 所示电路接线。将 ADC0809 插入集成电路底座中,其中输出端 $D_7 \sim D_0$ 分别接显示状态灯,CLOCK 接连续脉冲(频率大于 1 kHz),地址码 $A_2 A_1 A_0$ 接逻辑开关,START 和 ALE 并接在单脉冲源上,EOC 悬空。

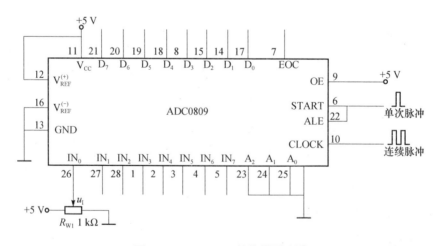

图 2.2.12 – 5 A/D 转换器测试图

(2) 拨动逻辑开关,置 $A_2 A_1 A_0 = 000$,调节电位器 R_W,并用万用表测量输入模拟电压 u_I 为 4 V,按一次单次脉冲,观察并记录输出端显示结果 $D_7 \sim D_0$ = _____;

(3) 再输入单次脉冲,调节电位器 R_W,使输出 $D_7 \sim D_0$ 全为高电平,用万用表测量并记录此时的输入模拟电压 u_1 = _____；

（4）按上述实验方法，调节电位器 R_W，分别使 u_1 为 4 V、3 V、2 V、1 V、0.5 V、0.2 V、0.1 V、0 V 时，观察输出 $D_7 \sim D_0$ 的状态，填入表 2.2.12-2 中。

（5）将上述输出结果转换成十进制表示的电压值，填入表中，并与实际的模拟量相比较。

（6）可改变地址开关值，将 u_1 从 IN_0 改接到其他模拟输入端，重复上述操作。

表 2.2.12-2　A/D 转换器输出数码

输入模拟量 u_1/V	输出数字量								十进制电压值
	D_7	D_6	D_5	D_4	D_3	D_2	D_1	D_0	
	1	1	1	1	1	1	1	1	
4									
3									
2									
1									
0.5									
0.2									
0.1									
0									

六、实验注意事项

（1）对运放的功能验证。

（2）注意各外引线所接电源的大小和正负。

七、实验报告要求

（1）整理数据，填写测试表格，并对结果进行分析。

（2）总结 DAC0832、ADC0809 的转换结果，并与理论值进行比较，分析误差原因。

第 3 章　课题设计

3.1　电路设计制作

3.1.1　电路设计的目的与要求

数字电路与逻辑设计实训为专业基础实训,面向所有工科专业即电子信息工程、电子信息科学与技术、电子科学与技术、通信工程、集成电路设计与集成系统、计算机科学与技术、软件工程、电气工程与自动化、机械设计制造及其自动化等专业开设的独立设置的实验课程及课内实验。通过本课程的学习,学生能进一步掌握常用仪器的使用,并掌握数字电路基本知识、常用芯片的功能以及中、大规模器件的应用,掌握组合逻辑电路和时序逻辑电路的设计方法。同时通过学习,可以培养学生独立思考、独立解决问题的能力,加强动手能力的培养,使学生掌握数字电路的设计方法。

通过此课程的学习,使学生能使用常用电子仪器对电路进行调试,具备数字电路的设计与调试技能。对学生的能力要求如下:

(1) 掌握常用数字集成电路主要参数及逻辑功能的基本测试方法,具有查阅集成器件手册的能力。

(2) 具有设计、安装、调试组合逻辑电路和时序逻辑电路的能力。

(3) 具有数字综合系统设计的能力,以及整体电路的功能测试及故障检测的能力。

3.1.2　电路设计的基本原则与基本方法

按照"以能力为本位,以职业实践为主线,以项目课程为主体的模块化专业课程体系"的总体设计要求,该门课程以"形成具有灵活应用常用数字集成电路实现逻辑功能的能力"为基本目标,彻底打破学科课程的设计思路,紧紧围绕工作任务完成的需要来选择和组织课程内容,突出工作任务与知识的联系。让学生在职业实践活动的基础上掌握知识,增强课程内容与职业岗位能力要求的相关性。并使学生掌握器件的功能、参数和使用方法,培养学生的电路设计能力,通过综合性实训,掌握数字系统综合设计的方法。

1. 逻辑门参数测试

了解典型 TTL 集成电路和 CMOS 集成电路的基本工作原理,掌握基本门电路主要参数和测量方法。熟悉 TTL、CMOS 逻辑门电路的参数意义,掌握 TTL、CMOS 逻辑门电路的逻辑功能及使用规则。

2. 中规模组合逻辑器件的应用

主要掌握数据选择器和全加器的应用,通过实验的方法学习数据选择器的电路结构和特点,掌握数据选择器的逻辑功能、测试方法和应用。了解算术运算电路的结构,掌握 74LS283 先行进位全加器的逻辑功能、特点及其具体应用。

3. 组合逻辑电路的设计

进一步掌握各种逻辑门的应用,掌握组合逻辑电路的一般设计方法,能熟练设计常用的组合逻辑电路。

4. 触发器和计数器的应用

通过实验的方法掌握触发器的逻辑功能及触发特性,熟悉计数器的基本结构,掌握中规模时序逻辑器件,如异步计数器 74LS90 和同步计数器 74LS161 的功能及其应用。

5. 同步时序电路的设计

掌握 74LS194 四位双向移位寄存器的逻辑功能及其应用。掌握同步时序逻辑电路的设计方法,再进行硬件电路的搭建和调试,通过实验掌握设计和实现电路的流程和方法。

6. 555 定时器、A/D 和 D/A 变换器的应用

了解 555 定时器的结构和工作原理,掌握用 555 定时器组成常用脉冲单元,并准确测量脉冲参数。了解 A/D、D/A 转换原理及其外部工作参数,掌握 A/D、D/A 器件应用。

7. 综合性实验

实验项目:汽车尾灯控制电路、4 人智力竞赛抢答器、节日彩灯控制电路、数字频率计、交通灯控制电路、数字电子钟、定时逻辑控制电路、家用电风扇控制电路、十翻二运算电路、复印机控制电路、乒乓游戏机逻辑电路。通过以上实验,进一步掌握组合时序逻辑器件的使用,掌握数字系统综合设计的方法,逐步培养学生整体电路的功能测试及故障检测的能力。

3.1.3 电路的制作工艺

首先要掌握系统设计的一般步骤和方法,掌握一个大的系统中各子系统之间的相互作用和相互制约关系,学会运用数字电路理论知识自行设计并实现一个较为完整的小型数字系统。通过系统设计、电路安排与调试、写设计报告等环节,初步掌握工程设计的具体步骤和方法,提高分析问题和解决问题的能力,提高实际应用水平。

然后学会用中规模器件设计一个符合要求的系统,并熟悉常用中规模器件的用法。

最后,学会焊接和安装元件、系统安装与调试的一般步骤和方法。在焊接过程中,应该将制定元件焊接在电路板上,要求工艺要好,焊点牢靠,避免虚焊、漏焊,元件排列要整齐。

3.1.4 电路的调试与检测

在已设计好的电路板上由于其包含的各元器件性能参数具有很大的离散性、电路设计中的近似性,再加上焊接安装过程中的不确定性,使得装配完成的电路板在性能方面有较大的差异,通常达不到设计规定的功能和性能指标,这就是整体设计完毕后必须进行调试的原因。

电子电路调试技术包括调整和测试两部分。调整主要是对电路参数的调整,如对电阻、电容和电感等,使电路达到预定的功能和性能要求;测试主要是对电路的各项技术指标和功能进行测量与实验,并与设计的性能指标进行比较,以确定电路是否合格。电路测试是电路调整的手段,又是检验结论的判断依据。实际上,电路的调整和测试是同时进行的,要经过反复的调整和测试,电路的性能才能达到预期的目标。

(一) 调试的意义

电子电路调试包括测试和调整两个方面,主要具有以下意义:
(1) 通过调试使电子电路达到规定的指标。
(2) 通过调试发现设计中存在的缺陷予以纠正。

(二) 调试的步骤

根据电子电路的复杂程度,调试可分步进行。对于较简单系统,调试步骤是:电源调试→单板调试→联调;对于复杂的系统,调试步骤是:电源调试→单板调试→分机调试→主机调试→联调。

由此可明确 4 点:
(1) 不论简单系统还是复杂系统,调试都是从电源开始入手的。

(2) 调试方法一般是先局部(单元电路)后整体,先静态后动态。

(3) 一般要经过测量——调整——再测量——再调整的反复过程。

(4) 对于复杂的电子系统,调试也是一个"系统集成"的过程。

在单元电路调试完成的基础上,可进行系统联调。例如数据采集系统和控制系统,一般由模拟电路、数字电路和微处理器电路构成,调试时常把这3部分电路分开调试,分别达到设计指标后,再对总电路进行总调。联调是对总电路的性能指标进行测试和调整,若不符合设计要求,应仔细分析原因,找出相应的单元进行调整。不排除要调整多个单元的参数或调整多次,甚至要修正方案的可能。

电子电路的调试具体步骤大致为:

(1) 通电观察:通电后不要急于测量电气指标,而要观察电路有无异常现象。例如,有无冒烟现象,有无异常气味,手摸集成电路外封装,是否发烫等。如果出现异常现象,应立即关断电源,待排除故障后再通电。

(2) 静态调试:静态调试一般是指在不加输入信号,或只加固定的电平信号的条件下所进行的直流测试,可用万用表测出电路中各点的电位,通过和理论估算值比较,结合电路原理的分析,判断电路直流工作状态是否正常,及时发现电路中已损坏或处于临界工作状态的元器件。通过更换器件或调整电路参数,使电路直流工作状态符合设计要求。

(3) 动态调试:动态调试是在静态调试的基础上进行的,在电路的输入端加入合适的信号,按信号的流向,顺序检测各测试点的输出信号,若发现不正常现象,应分析其原因,并排除故障,再进行调试,直到满足要求。

3.1.5 实训报告要求

对于课程实训报告应该包含以下几点:

(1) 实训目的:本课程实训的目的是综合运用所学的数字逻辑电路课程知识,完成一个比较系统的数字逻辑电路设计、制作及调试。使学生受到"从电路设计→电路图的制作→线路板的制作→电路的调试→实训报告的编写"接近实际应用系统的综合训练。通过实训,训练和提高学生在硬件设计调试方面的能力,学习体会典型电子产品项目开发团队的角色构成及团队角色协同工作技巧。同时,帮助学生将各课程内容综合起来,融会贯通,形成系统的概念,迅速迈过从理论到实际的门槛。

(2) 实训要求。

(3) 实训完成形式。

(4) 实训内容。

(5) 参考资料。

(6) 心得体会。

3.2 课题设计方案

3.2.1(课题一) 汽车尾灯控制电路

本课题设计一个汽车尾灯的控制电路。汽车尾部左右两侧各有 3 个指示灯。当接通左转、右转、刹车和检查时,指示灯按照指定要求闪烁。

(一) 设计内容及要求

本课题设计一个汽车尾灯的控制电路。该电路由 4 个电键控制,分别对应着左转、右转、刹车和检查功能。

当接通左转或右转电键时,左侧或右侧的 3 个汽车尾灯按照左循环或右循环的顺序依次点亮。

当接通刹车电键时,汽车所有的尾灯同时闪烁。

当接通检查电键时,汽车所有的尾灯点亮。

(二) 电路的工作原理

经过以上所述的设计内容及要求分析,可以将电路分为以下几部分:

首先,通过 555 定时器产生频率为 1 Hz 的矩形脉冲信号,该脉冲信号用于提供给 D 触发器的 *CP* 时钟脉冲和刹车时的输入信号。

3 个 D 触发器用于产生三端输出的 001、010、100 的循环信号,此信号提供左转、右转的原始信号。

左转、右转的原始信号与 D 触发器提供的循环信号通过 6 个与门,将原始信号分别输出到左、右的 3 个汽车尾灯上。这部分电路起到信号分拣的作用。

分拣之后的信号通过或门,实现与刹车、检查电键信号之间的选择。最终得到的信号即可输出到发光二极管上,实现所需功能。

(三) 所需元器件清单

(1) 集成芯片 74LS08 两个,74LS32 两个,74LS74 两个。
(2) 555 定时器一个。
(3) 10 nF、1 μF 电容各一个,470 kΩ 电阻两个。
(4) 开关 4 个,发光二极管 6 个,导线若干。

(四) 系统框图

系统框图如图 3.2.1-1 所示。

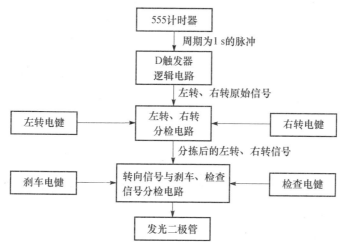

图 3.2.1-1 汽车尾灯控制电路系统框图

(五) 单元电路的设计

1. 由 555 定时器构成的多谐振荡器

由 555 定时器构成的多谐振荡器的输出频率为:
$$f = 1.43/(R_1 + 2R_2)C$$
这里选择 $R_1 = R_2 = 470 \text{ k}\Omega, C = 1 \text{ μF}$,则输出信号大约为 1 Hz(周期为 1 s)。

2. D 触发器逻辑电路

由 3 个 D 触发器在 CP 脉冲的触发下,产生尾灯需要的循环状态,其状态图如图 3.2.1-2 所示。在初始状态时为 000,所以要经过一个脉冲周期进入循环,而在整个工作过程中周期信号是一直和本电路连接的,不会出现循环外的 011、110、111、101 状态,所以不用担心出现不稳定状态,也就是说从接入电源开始电路就是一直处在循环中的。

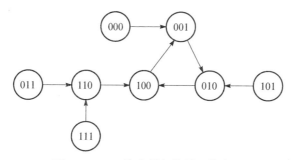

图 3.2.1-2 汽车尾灯的循环状态图

3. 参考方案

电路设计参考方案如图 3.2.1-3 所示。

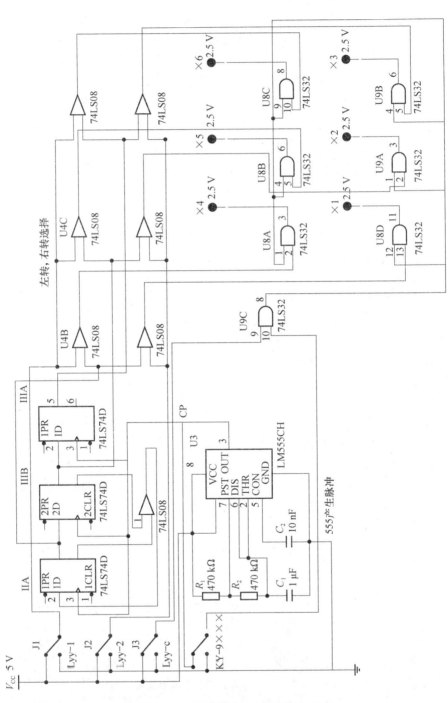

图 3.2.1-3 汽车尾灯电路设计参考方案

(六) 注意事项

1. 烧毁

在电路测试阶段应采用适当的电阻进行保护,以防止元器件烧毁。

2. 虚焊

这是焊接过程中经常遇到的问题,如果不加以纠正将使电路无法工作,而且这个问题很难检查出来,所以在电路连接过程中应多使用万用表检查来防止和检查虚焊。

(七) 拓展训练

若用移位寄存器 74LS194 来代替 D 触发器实现循环,如何实现?此电路图该做如何改动呢?

3.2.2(课题二) 4人智力竞赛抢答器

智力竞赛是一种生动活泼的教育形式和方法,通过抢答和必答两种方式能引起参赛者和观众的极大兴趣,并且能在极短时间内,使人们增加一些科学知识和生活常识。

进行智力竞赛时,一般分为若干组,各组对主持人提出的问题,分必答和抢答两种。必答有时间限制,到时要告警,回答问题正确与否,由主持人判别加分还是减分,成绩评定结果要用电子装置显示,抢答时,要判定哪组优先,并予以指示和鸣叫。因此,要完成以上智力竞赛抢答器逻辑功能的数字逻辑控制系统,应包含以下几个部分:

(1) 计时、显示部分。

(2) 判别选组控制部分。

(3) 定时电路和音响部分。

该抢答器用数字显示抢答倒计时时间,由"9"倒计到"0"时,蜂鸣器连续响 0.5 s。选手抢答时,对应的发光二极管灯亮,同时蜂鸣器响 0.5 s,倒计时停止。

(一) 设计内容及要求

1. 设计内容

本课题要求设计一台可供 4 名选手参加比赛的智力竞赛抢答器。

2. 设计要求

(1) 4 名选手编号为 1、2、3、4,各有一个抢答按钮,按钮的编号与选手的编号对应,也分别为 1、2、3、4。

(2) 给主持人设置一个控制按钮,用来控制系统清零(编号显示数码管灭灯)和抢答的开始。

(3) 抢答器具有数据锁存和显示的功能。抢答开始后,若有选手按动抢答按钮,该选手编号立即锁存,并且选手对应的发光二极管灯亮,扬声器给出音响提示,同时封锁输入编码电路,禁止其他选手抢答。

(4) 抢答器具有定时(9 s)抢答的功能。当主持人按下开始按钮后,要求定时器开始倒计时,并用定时显示器显示倒计时时间,同时扬声器发出音响。参赛选手在设定时间(9 s)内抢答有效,此时扬声器发出音响,同时定时器停止倒计时,选手对应的发光二极管灯亮,定时显示器上显示剩余抢答时间,并保持到主持人将系统清零为止。

(5) 如果定时抢答时间已到,却没有选手抢答时,本次抢答无效。系统扬声器报警(音响持续0.5 s),并封锁输入编码电路,禁止选手超时后抢答,时间显示器显示0。

(6) 要求计时尽可能准确,建议采用石英晶体振荡器,然后分频产生频率为1 Hz 的脉冲信号,作为定时计数器的 CP 信号。

(二) 电路工作原理

电路由脉冲产生电路、锁存电路、倒计时电路和音响产生电路组成。当有选手抢答时,首先锁存,阻止其他选手抢答。主持人开始时,倒计时电路启动由9 计到0,如有选手抢答,倒计时停止。

(三) 所需元器件清单

(1) 集成芯片74LS175 一个,74LS192 一个,74LS21 一个,74LS121 一个。

(2) 555 定时器一个。

(3) 10 nF、1 μF 电容各一个,470 kΩ 电阻两个。

(4) 发光二极管4 个,开关5 个,导线若干。

(四) 系统框图

4 人智力竞赛抢答器系统框图如图3.2.2 – 1 所示。

(五) 单元电路设计参数计算及元器件选择

1. 以锁存器为中心的显示电路

此电路是以四D 触发器74LS175 为中心的编码锁存系统。

当无人抢答时,必须允许CLOCK 脉冲进入锁存器;当有人抢答时,必须禁止CLOCK 脉冲进入锁存器,D 触发器将数据送出同时封锁触发器脉冲,使其他人不能抢答,同时对应的发光二极管灯亮显示该选手已抢答。因此将4 个D 触发器的 $\overline{Q}$ 输出"与"在一起,无人抢答时与门输出为"1",时钟脉冲能够进入触发器;当有人

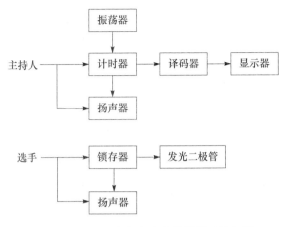

图 3.2.2-1 4人智力竞赛抢答器系统框图

抢答时,与门输出为"0",使脉冲不能进入触发器,从而防止其他人抢答。因此,锁存器的 CLK 输入必须满足以下逻辑关系:

$$CLK = CLOCK \cdot \overline{Q_4}\,\overline{Q_3}\,\overline{Q_2}\,\overline{Q_1}$$

2. 脉冲产生电路

该电路是由 555 定时器构成的多谐振荡器,使其产生需要的矩形波作为触发器和计数器的 CP 脉冲,由于电路对脉冲的精确度要求不是很高而晶体振荡需要分频,所以采用 555 定时器构成的多谐振荡器。由 555 定时器构成的多谐振荡器时输出频率为:

$$f = 1.43/(R_1 + 2R_2)C$$

这里选择 $R_1 = R_2 = 470 \text{ k}\Omega, C = 1 \text{ μF}$,则输出信号大约为 1 Hz(周期为 1 s)。

3. 倒计时显示电路

该电路使用了十进制同步双向计数器 74LS190 的减法计数功能,主持人宣布开始时,按下按钮,同时使计数器置数为"9",并在脉冲作用下开始倒计时并在显示器上显示,到零时停止。

当倒计时输出不为零时,"或"门输出为"1",与脉冲同时输入到"与"门中,将脉冲信号送给计数器,倒计时开始;当计数器输出为零时,"或"门输出为"0",这时脉冲信号不能输入到计数器中,从而使计数器停止工作并保持在"0"状态。

4. 音响电路

它是由集成单稳态触发器 74LS121 构成一个在下降沿触发的触发器,再接入蜂鸣器,根据 74LS121 产生的脉冲宽度 $t = 0.69RC$ 计算,使得蜂鸣器的鸣叫时间为 0.5 s。再由主持人、选手、倒计时共同控制它的输入,使其在主持人开始,选手抢答,倒计时到零时都能鸣叫。

5. 电路参考方案

整个电路设计参考方案如图 3.2.2-2 所示。图中,锁存电路 74LS175 的 *CP* 脉冲是由 3 部分控制的,分别是 74LS175 的输出,由 555 定时器构成的振荡电路产

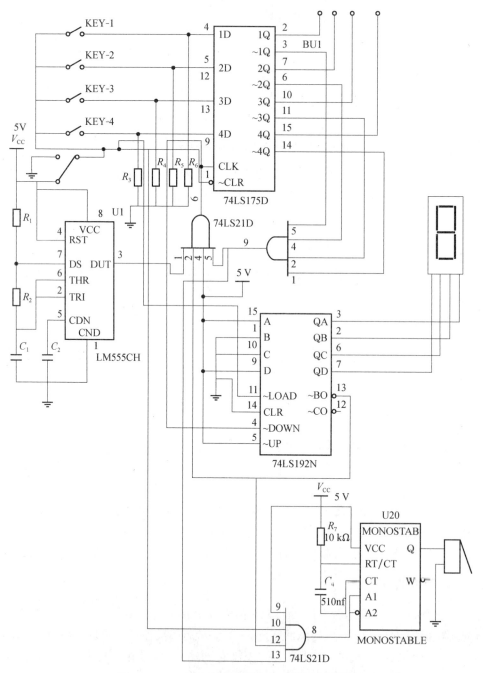

图 3.2.2-2 4 人智力竞赛抢答器电路参考方案

生的脉冲和计数器的输出,当有一个人抢答或计数器计到零时,都将封锁脉冲,此时不能再抢答。音响电路则由主持人、计数器及抢答选手控制,当主持人按下开关宣布开始,有选手抢答或计数器计到"0"时,都会给 74LS121 输入一个触发沿,从而使 74LS121 产生一个时间为 0.5 s 的脉冲使蜂鸣器发出声响。

(六) 注意事项

(1) 在设计过程中,应注意利用四 D 触发器 74LS175 的锁存功能的输出来控制 CP 脉冲的通断,从而完成琐存功能。

(2) 在设计中应注意主持人、选手、倒计时到零时蜂鸣器的响声这几个部分,应多次对分解电路进行改进,上机仿真以及接线调试,从而更好地实现总电路。

(七) 拓展训练

在抢答过程中,若要把抢答选手的编号显示在七段显示译码器上,那么电路将如何实现?

3.2.3 (课题三) 节日彩灯控制电路

彩灯是我国普遍流行的、传统的、民间的、综合性的工艺品。彩灯艺术也就是灯的综合性的装饰艺术。新中国成立后,彩灯艺术得到了更大的发展,特别是随着我国科学技术的发展,彩灯艺术更是花样翻新,奇招频出,传统的制灯工艺和现代科学技术紧密结合,将电子、建筑、机械、遥控、声学、光导纤维等新技术、新工艺用于彩灯的设计制作,使形、色、光、声、动相结合,思想性、知识性、趣味性、艺术性相统一。在当今的社会里,彩灯已经成为我们生活的一部分,能给我们带来视觉上的享受,还能美化我们的生活。

彩灯控制器主要是通过电路产生有规律变化的脉冲信号来实现彩灯的各种变化。它的主要器件是寄存器。现如今寄存器是数字系统常见的重要部件,除在计算机中广泛用于存放中间数据外,它有其他方面的应用,目前在教材中只介绍可构成环形或扭环形计数器。本次实验由于触发器具有记忆的功能,所以将移位寄存器设计成彩灯控制电路。由于电路本身实用,如果再通过计算机仿真,就可以直观地看到循环彩灯控制效果。如果稍微改动控制电路,就可以改变电路的不同工作状态,控制彩灯变幻出不同的闪烁效果。

(一) 设计内容及要求

(1) 接通电源后,彩灯可以自动按预先设置的程序循环闪烁。
(2) 设置的彩灯花型由 3 个节拍组成:
第一节拍:四路彩灯逐次渐亮,灯亮时间为 1 s,共为 4 s。
第二节拍:四路彩灯按逆序渐灭,也需要 4 s。
第三节拍:四路彩灯同时亮 0.5 s,然后同时灭 0.5 s,要进行 4 次,所需时间也为 4 s。

3 个节拍完成一个循环,共需要 12 s,一次循环之后重复进行闪烁。

(3)彩灯选用发光二极管(LED)模拟。

(二)原理框图

1. 设计思路

四路彩灯即有四路输出,设依次为 Q_d、Q_c、Q_b、Q_a,若"1"表示灯亮,"0"表示灯灭,由课题要求可知四路彩灯显示系统要求如表 3.2.3-1 所示的输出显示。

表 3.2.3-1 四路彩灯输出显示

说明	输出				所用时间
	Q_d	Q_c	Q_b	Q_a	
开机初态	0	0	0	0	
第一节拍:逐次渐亮	1	0	0	0	1 s
	1	1	0	0	1 s
	1	1	1	0	1 s
	1	1	1	1	1 s
第二节拍:逆序渐灭	1	1	1	0	1 s
	1	1	0	0	1 s
	1	0	0	0	1 s
	0	0	0	0	1 s
第三节拍:同时亮 0.5 s,再同时灭 0.5 s,进行 4 次	1	1	1	1	0.5 s
	0	0	0	0	0.5 s
	1	1	1	1	0.5 s
	0	0	0	0	0.5 s
	1	1	1	1	0.5 s
	0	0	0	0	0.5 s
	1	1	1	1	0.5 s
	0	0	0	0	0.5 s

由表可知,需要一个分频器起节拍产生和控制作用,每 4 s 一个节拍,3 个节拍 12 s 后反复循环,一个节拍结束后产生一个信号到节拍程序执行器,完成彩灯渐亮、渐灭、同时亮、同时灭等功能。

分频及节拍控制可以用模 12 计数器来完成,彩灯渐亮、渐灭可以用器件的左移、右移功能来实现,因此可选用移位寄存器 74LS194 来完成。同时亮 0.5 s,同时灭 0.5 s 可以考虑用 1 Hz 的秒脉冲信号直接加到输出端显示来完成。

综上所述,要完成四路彩灯显示功能需要有分频器、节拍控制器、节拍程序执行器及秒脉冲源等电路。

2. 设计实现

图 3.2.3-1 为四路彩灯显示的一种简易实现电路系统框图。该电路选用同

步十六进制计数器 74LS161 实现模 12 分频及节拍控制,用 4 位双向移位寄存器 74LS194 实现彩灯的渐亮、渐灭功能。

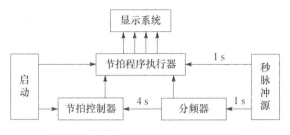

图 3.2.3-1 四路彩灯显示系统框图

四路彩灯的工作过程如表 3.2.3-2 所示。74LS161 的输出为 Q_0、Q_1、Q_2、Q_3;74LS194 的输出为 Q_A、Q_B、Q_C、Q_D,四路彩灯的输出为 Q_a、Q_b、Q_c、Q_d。74LS194 的工作方式控制端 $M_1 = Q_3 + Q_2$,$M_0 = \overline{Q_3 + Q_2}$。在第一节拍中,$M_1M_0 = 01$,74LS194 实现右移功能,即在时钟脉冲作用把 $D_{SR} = 1$ 逐次移进;在第二节拍中,$M_1M_0 = 10$,74LS194 实现左移功能,即在时钟脉冲作用下,把 $D_{SL} = 0$ 逐次反方向移进。由于前两个节拍中,$Q_3 = 0$,门 G 关闭,输出为 0,因此四路彩灯的输出 $Q_aQ_bQ_cQ_d = Q_AQ_BQ_CQ_D$。在第三节拍中,$M_1M_0 = 10$,74LS194 仍然左移,$Q_AQ_BQ_CQ_D$ 一直保持为 0000。此时 $Q_3 = 1$,门 G 打开,时钟脉冲 CP 同时加到 4 个输出端 $Q_aQ_bQ_cQ_d$,由于 CP 是 1 Hz 秒脉冲,在 1 s 时间内高电平和低电平持续时间均为 0.5 s,因此 $Q_aQ_bQ_cQ_d$ 实现同时亮 0.5 s,同时灭 0.5 s,在 4 s 内共进行 4 次。第三节拍结束后返回第一节拍,如此反复,实现四路彩灯循环显示。

表 3.2.3-2 四路彩灯工作过程

说 明	秒脉冲	74LS161				74LS194						彩灯输出			
		Q_3	Q_2	Q_1	Q_0	M_1	M_0	Q_A	Q_B	Q_C	Q_D	Q_a	Q_b	Q_c	Q_d
第一节拍	↑	0	0	0	0	0	1	1	0	0	0	1	0	0	0
	↑	0	0	0	1	0	1	1	1	0	0	1	1	0	0
	↑	0	0	1	0	0	1	1	1	1	0	1	1	1	0
	↑	0	0	1	1	0	1	1	1	1	1	1	1	1	1
第二节拍	↑	0	1	0	0	1	0	1	1	1	0	1	1	1	0
	↑	0	1	0	1	1	0	1	1	0	0	1	1	0	0
	↑	0	1	1	0	1	0	1	0	0	0	1	0	0	0
	↑	0	1	1	1	1	0	0	0	0	0	0	0	0	0
第三节拍	↑	1	0	0	0	1	0	0	0	0	0				
	↑	1	0	0	1	1	0	0	0	0	0	1 Hz 时钟 CP			
	↑	1	0	1	0	1	0	0	0	0	0				
	↑	1	0	1	1	1	0	0	0	0	0				

(三) 原件清单

(1) 集成芯片74LS194(1块),74LS161(1块),74LS08(2块),74LS00(1块)。
(2) 发光二极管,导线若干。
(3) 555定时器一个。
(4) 10 nF、1 μF电容(各1个),470 kΩ电阻(2个)。

(四) 参考方案

整个电路设计参考方案如图3.2.3-2所示。

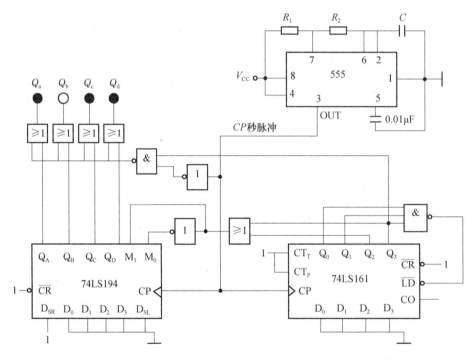

图3.2.3-2 四路彩灯显示系统电路图

(五) 注意事项

(1) 在插接集成电路时,首先要认清方向,不要倒插,所有集成电路的方向要保持一致,切忌不能弯曲引脚。

(2) 根据电路图的各部分功能确定元器件在面板上的位置,并按信号的流程将元器件顺序地连接,以方便调试,互相影响并干扰的元器件应尽量分开或屏蔽。

3.2.4(课题四) 数字频率计

数字频率计是一种用十进制数字显示被测信号频率的数字测量仪器。它的基本功能是测量正弦信号、方波信号、尖脉冲信号及其他各种单位时间内变化的物理量。

(一) 设计内容及要求

要求设计一个简易的数字频率计,其信号是给定比较稳定的脉冲信号。
(1) 测量信号:方波。
(2) 测量频率范围:1~9 999 Hz;10~10 kHz。
(3) 显示方式:4 位十进制数显示。
(4) 时基电路由 555 定时器及分频器组成,555 振荡器产生脉冲信号,经分频器分频产生的时基信号,其脉冲宽度分别为:1 s,0.1 s。
(5) 当被测信号的频率超出测量范围时,报警。

(二) 原理框图

频率计原理框图如图 3.2.4-1 所示。

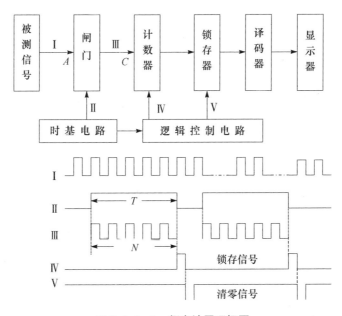

图 3.2.4-1 频率计原理框图

数字频率计由四部分组成:时基电路、闸门电路、逻辑控制电路以及可控制的计数、译码、显示电路。

由 555 定时器、分级分频系统及门控制电路得到具有固定宽度 T 的方波脉冲作门控制信号,时间基准称为闸门时间。宽度为 T 的方波脉冲控制闸门的一个输入端 B,被测信号频率为 f_x,周期为 T_x,到闸门另一输入端 A。当门控制电路的信号到来后,闸门开启,周期为 T_x 的信号脉冲和周期为 T 的门控制信号结束时过闸门,输出端 C 产生脉冲信号到计数器,计数器开始工作,直到门控信号结束,闸门关闭。单稳 1 的暂态送入锁存器的使能端,锁存器将计数结果锁存,计数器停止计数并被单稳 2 暂态清零。简单地说就是:在时基电路脉冲的上升沿到来时闸门开启,计数器开始计数,在同一脉冲的下降沿到来时,闸门关闭,计数器停止计数。同时,锁存器产生一个锁存信号输送到锁存器的使能端将结果锁存,并把锁存结果输送到译码器来控制七段显示器,这样就可以得到被测信号的数字显示的频率。而在锁存信号的下降沿到来时逻辑控制电路产生一个清零信号将计数器清零,为下一次测量做准备,实现了可重复使用,避免两次测量结果相加使结果产生错误。若 $T = 1\,\text{s}$,计数器显示 $f_x = N$(T 时间内通过闸门的信号脉冲个数);若 $T = 0.1\,\text{s}$,通过闸门脉冲个数为 N 时,$f_x = 10N$,即闸门时间为 $0.1\,\text{s}$ 时通过闸门的脉冲个数,也就是说,被测信号的频率计算公式是:

$$f_x = N/T$$

由此可见,闸门时间决定量程,可以通过闸门时基选择开关,选择 T 大一些,测量准确度就高一些,T 小一些,则测量准确度就低,根据被测频率选择闸门时间来控制量程。被测信号频率通过计数锁存可直接从计数显示器上读出。

在整个电路中,时基电路是关键,闸门信号脉冲宽度是否精确直接决定了测量结果是否精确。

(三) 所需元件清单

(1) 集成芯片,74LS90D(4 个),74LS273N(2 个),74LS47D(4 个),74LS121(2 个),74LS00(1 个),74LS08(4 个)。

(2) 555 定时器 1 个。

(3) 蜂鸣器 1 个。

(4) 七段显示器 4 个。

(5) 电容 2.0 nF(2 个),电容 1 μF、0.01 μF(各 1 个),电阻 10 kΩ(2 个),电阻 500 Ω、430 Ω、3.3 kΩ(各 1 个)。

(四) 设计分析

1. 时基电路

时基电路由两部分组成:

第一部分为 555 定时器组成的振荡器(即脉冲产生电路)产生脉冲信号。振荡器的频率计算公式为:

$$f = 1.43/[(R_1 + 2R_2) \times C]$$

因此,可以计算出各个参数,通过计算确定了 R_1 取 430 Ω,R_2 取 500 Ω,电容取 1 μF。这样就得到了比较稳定的脉冲。

第二部分为分频电路,主要由74LS90组成。因为振荡器产生的是1 000 Hz的脉冲,也就是其周期是0.001 s,而时基信号要求为0.1 s和1 s。因此,利用十分频的电路进行分频。分频后的脉冲宽度计算公式为:

$$t_w = T(T \text{ 为振荡器的周期})$$

而其周期 $T_1 = 10T$,所以一级分频后:

$$t_w = 0.001 \text{ s}, T_1 = 0.01 \text{ s}$$

依次类推0.1 s的脉冲宽度需要3次分频,1 s的脉冲宽度需要4次分频。

2. 逻辑控制电路

根据原理框图3.2.4-1所示波形,在时基信号Ⅱ结束时产生的下降沿,用来产生锁存信号Ⅳ,锁存信号Ⅳ的下降沿又用来产生清零信号Ⅴ,脉冲信号Ⅳ和Ⅴ可由两个单稳态触发器74LS121产生,它们的脉冲宽度由电路的时间常数决定。这样当脉冲从 A_1 端输入,可以产生锁存信号和清零信号,其要求刚好满足Ⅳ和Ⅴ的要求,当手动开关按下时,计数器清零。

附74LS121的用法:它是单稳态触发器,有两个下降沿触发输入和一个可作为禁止输入使用的上升沿触发输入,它可提供互补的输出脉冲。

外部元件的接法:外接电容接在 C_{ext} 和 R_{ext} 两引脚之间;如用内接定时电阻,需将引脚 R_{int} 接 V_{CC};为了改善脉冲宽度的精度和重复性,可在 C_{ext} 和 R_{ext}/C_{ext} 之间外接一个电容,并将 R_{int} 开路。

适当选择定时元件,输出脉冲宽度可以变化于40 ns和28 s之间。如不接定时元件(R_{int} 引脚接 V_{CC},而使 C_{ext} 和 R_{ext}/C_{ext} 引脚开路),输出脉冲宽度一般可达30 ns或35 ns,可以作直接耦合触发复位信号使用。输出脉冲宽度可由如下关系式确定:

$$t_W = 0.7 R_{ext} \times C_{ext}$$

3. 报警系统

报警系统要求用4位数字显示,最高显示为9999。因此,超过9999就要求报警,即当千位达到9(即1001)时,如果百位上再来一个时钟脉冲(即进位脉冲),就可以利用此来控制蜂鸣器报警。

4. 参考电路图

计数、译码、显示电路参考电路图如图3.2.4-2所示。

(五)注意事项

(1)由于待测定的信号是各种各样的,有三角波、正弦波、矩形波等。所以要求计数器准确计数,在这里必须将输入波形通过由555构成的施密特触发器进行整形。

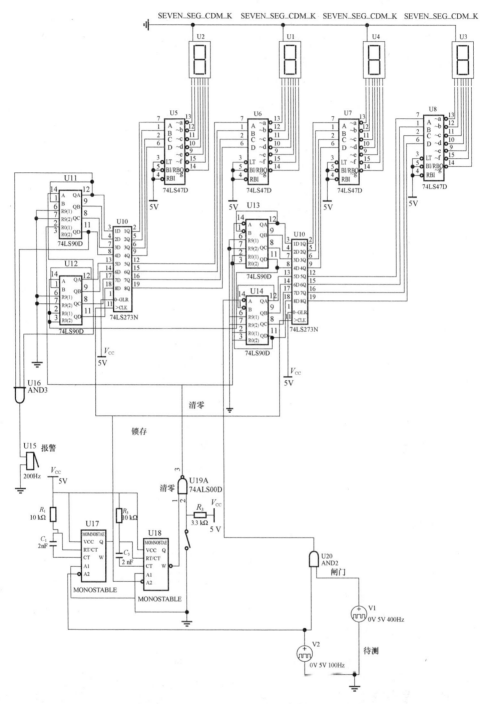

图 3.2.4-2 计数、译码、显示电路参考电路图

(2) 在设计 555 产生脉冲信号时,电路里的电容元件在实验室里会随着温度而变化,输出信号的频率也会发生变化,这是产生误差的原因,所以为了减小误差,

在调试时应调节电位器,将输出信号接示波器,使其输出频率接近准确值。

3.2.5(课题五) 交通灯控制电路

为了确保十字路口车辆顺利、畅通地通过,往往都采用自动控制的交通信号灯来进行指挥。其中红灯(R)亮,表示该条道路禁止通行;黄灯(Y)亮表示停车;绿灯(G)亮表示允许通行。

(一) 任务和要求

设计一个十字路口交通信号灯控制器,其要求如下。

(1) 满足如图 3.2.5-1 顺序工作流程。

图中设南北方向的红、黄、绿灯分别为 NSR、NSY、NSG,东西方向的红、黄、绿、灯分别为 EWR、EWY、EWG。

它们的工作方式有些必须是并行进行的,即南北方向绿灯亮,东西方向红灯亮;南北方向黄灯亮,东西方向红灯亮;南北方向红灯亮,东西方向绿灯亮;南北方向红灯亮,东西方向黄灯亮。

(2) 应满足两个方向的工作时序,即东西方向红灯时间应等于南北方向亮黄、绿灯时间之和,南北方向亮红灯时间应等于东西方向亮黄、绿灯时间之和。

(二) 原理框图

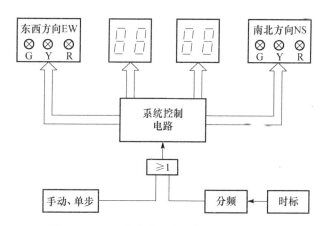

图 3.2.5-1 十字路口交通灯顺序工作流程

时序工作流程图见图 3.2.5-2 所示。

在图 3.2.5-2 中,假设每个单位时间为 3 s,则南北、东西方向绿、黄、红灯亮时间分别为 15 s、3 s、18 s,一次循环为 36 s。其中红灯亮的时间为绿、黄灯亮的时间之和,黄灯是间歇闪耀。

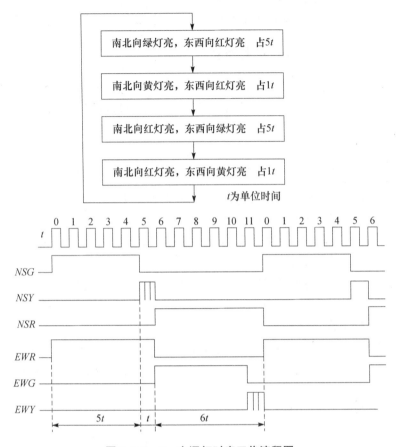

图 3.2.5-2 交通灯时序工作流程图

十字路口要有数字显示,作为时间提示,以便人们更直观地把握时间。具体为:当某方向绿灯亮时,置显示器为某值,然后经每秒减 1 计数方式工作,直至减到数为"0",十字路口红、绿交换,一次工作循环结束,而进入下一步某方向的工作循环。

例如:当南北方向从红灯转换成绿灯时,置南北方向数字显示为 18,并使数显计数器开始减"1"计数;当减到绿灯灭,而黄灯(闪耀)时,数显的值应为 3;当减到"0"时,此时黄灯灭,而南北方向的红灯亮,同时使得东西方向的绿灯亮,并置东西方向的数显为 18。

(三)所需原件清单

(1)直流稳压电源 1 个。

(2)交通信号灯及汽车模拟装置。

(3)集成芯片 74LS74、74LS164、74LS168、74LS248 及门电路 74LS121、74LS00、74LS08、LC5011-11。

(4) 发光二极管 3 个,开关 3 个,导线若干。

(5) 1 Ω 的电阻 4 个。

(四) 设计方案

根据设计任务和要求,参考交通灯控制器的逻辑电路主要框图 3.2.5 – 1,设计方案可以从以下几部分进行考虑。

1. 秒脉冲和分频器

因十字路口每个方向绿、黄、红灯所亮时间比例分别为 5∶1∶6,所以,若选 4 s(也可以 3 s)为一单位时间,则计数器单 4 s 输出一个脉冲。这一电路就很容易实现(逻辑电路可以参考课题四——数字频率计)。

2. 交通灯控制器

由波形图可知,计数器每次工作循环周期为 12,所以可以选用 12 进制计数器。计数器可以用单触发器组成,也可以用中规模集成计数器。本参考方案选用中规模 74LS164 八位移位寄存器组成扭环形 12 进制计数器。扭环形计数器的状态表如表 3.2.5 – 1 所示。根据状态表,不难列出东西方向和南北方向绿、黄、红灯的逻辑表达式:

表 3.2.5 – 1 扭坏形计数器状态表

t	计数器输出						南北方向			东西方向		
	Q_0	Q_1	Q_2	Q_3	Q_4	Q_5	NSG	NSY	NSR	EWG	EWY	EWR
0	0	0	0	0	0	0	1	0	0	0	0	1
1	1	0	0	0	0	0	1	0	0	0	0	1
2	1	1	0	0	0	0	1	0	0	0	0	1
3	1	1	1	0	0	0	1	0	0	0	0	1
4	1	1	1	1	0	0	1	0	0	0	0	1
5	1	1	1	1	1	0	0	↑	0	0	0	1
6	1	1	1	1	1	1	0	0	1	1	0	0
7	0	1	1	1	1	1	0	0	1	1	0	0
8	0	0	1	1	1	1	0	0	1	1	0	0
9	0	0	0	1	1	1	0	0	1	1	0	0
10	0	0	0	0	1	1	0	0	1	1	0	0
11	0	0	0	0	0	1	0	0	1	0	↑	0

东西方向　绿：$EWG = Q_4 \cdot Q_5$　　　南北方向　绿：$NSG = \overline{Q_4} \cdot \overline{Q_5}$

黄：$EWY = \overline{Q_4} \cdot Q_5 (EWY' = EWY \cdot CP_1)$

黄：$NSY = Q_4 \cdot \overline{Q_5} (NSY' = NSY \cdot CP_1)$

红：$EWR = \overline{Q_5}$　　　　　　　　　　红：$NSR = Q_5$

3. 显示控制部分

显示控制部分实际是一个定时控制电路。当绿灯亮时，使减法计数器开始工作(用对方的红灯信号控制)，每来一个秒脉冲，使计数器减 1，直到计数器为 "0" 才停止。译码显示可用七段译码器。

4. 手动/自动控制，夜间控制

这可用一选择开关进行。置开关在手动位置，输入单次脉冲，可使交通灯处在某一位置上，开关在自动位置时，则交通灯按自动循环工作方式运行。夜间时，将夜间开关接通，黄灯闪亮。

5. 电路参考方案

图 3.2.5 – 3 为交通灯电路的一个参考方案图。

(五) 注意事项

(1) 在调试时，交通灯红绿黄转换的次数最好在 10 次以上，以保证转换无误。

(2) 在倒计时电路中，本来应该是一秒倒计一次，但实际可能只有 0.7 s 左右，这是由元器件本身所引起的误差，可以忽略。

(六) 拓展训练

(1) 设某一方向(如南北)为十字路口主干道，另一方向(如东西)为次干道；主干道由于车辆、行人多，而次干道的车辆、行人少，所以主干道绿灯亮的时间，可选定为次干道绿灯亮的时间的 2 倍或 3 倍，如做此改动，电路将如何设计。

(2) 用 LED 发光二极管模拟汽车行驶电路。当某一方面绿灯亮时，这一方向的发光二极管接通，并一个一个向前移，表示汽车在行驶；当遇到黄灯亮时，移位发光二极管就停止，而过了十字路口的移位发光二极管继续向前移动；红灯亮时，则另一方向转为绿灯亮，那么，这一方向的 LED 发光二极管就开始移位(表示这一方向的车辆行驶)，如按以上要求则电路该如何设计。

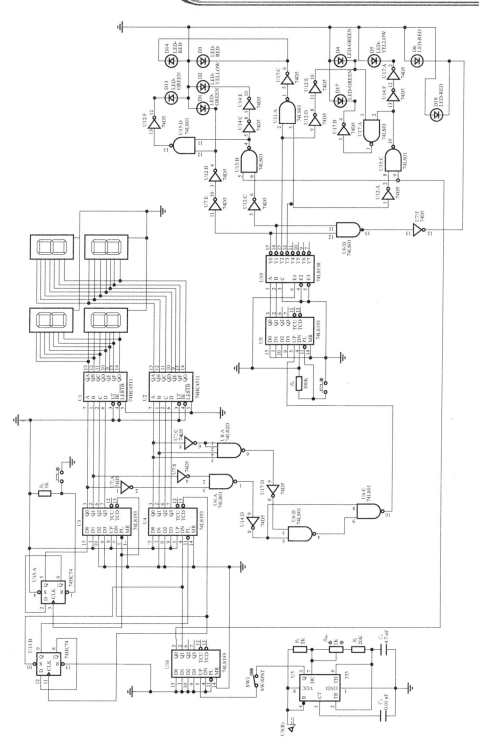

图 3.2.5-3 交通灯电路的一个参考方案图

3.3 课题设计拓展训练

3.3.1(课题六) 数字电子钟

数字电子钟是一种用数字显示秒、分、日的计时装置,与传统的机械钟相比,它具有走时准确、显示直观、无机械传动装置等优点,因而得到了广泛的应用,小到人们日常生活中的电子手表,大到车站、码头、机场等公共场所的大型数显电子钟。

(一)设计任务及要求

用中、小规模集成电路设计一台能显示日、时、分秒的数字电子钟,并能在 NET 实验箱中实验成功。要求如下:

(1)由晶振电路产生 1 Hz 标准秒信号。

(2)秒、分为 00~59 六十进制计数器。

(3)时为 00~23 二十四时进制计数器。

(4)周显示从 1~7 日为七进制计数器。

(5)可手动校正:能分别进行秒、分、时、日的校正。只要将开关置于手动位置,可分别对秒、分、时、日进行手动脉冲输入调整或连续脉冲输入的校正。

(6)整点报时。整点报时电路要求在每个整点前鸣叫 5 次低音(500 Hz),整点时再鸣叫一次高音(1 000 Hz)。

(二)原理框图

数字电子钟由这些部分组成:石英晶体振荡器和分频器组成的秒脉冲发生器;校时电路;六十进制秒、分计数器及二十四进制(或十二进制)计时计数器;以及秒、分、时的译码显示部分等,其原理框图见图 3.3.1-1 所示。

(三)所需原件清单

(1)NET 系列数字电子技术实验系统。

(2)直流稳压电源。

(3)集成电路:CD4060,74LS161,74LS248 及门电路。

(4)晶振:32 768 Hz。

(5)电容:100 μF/16 V,22 pF,3~22 pF 范围内。

(6)电阻:200 Ω,10 kΩ,22 MΩ。

(7)电位器:2.2 kΩ 或 4.7 kΩ。

(8)数显:共阴显示器 LC5011-11。

(9)三极管:8050。

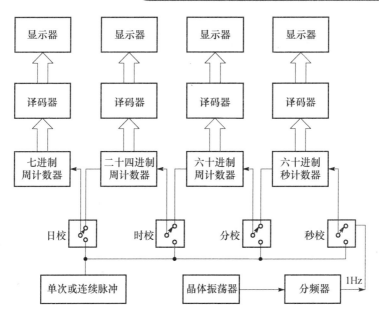

图 3.3.1-1 数字电子钟原理框图

(10) 喇叭：$\frac{1}{4}$ W，8 Ω。

(四) 设计方案提示

根据设计任务和要求,对照数字电子钟的框图,可以分以下几部分进行模块化设计。

1. 秒脉冲发生器

秒脉冲发生器是数字钟的核心部分,它的精度和稳定度决定了数字钟的质量,通常用晶体振荡器发生的脉冲经过整形、分频获得 1 Hz 的秒脉冲。如晶振为 32 768 Hz,通过 15 次二分频可获得 1 Hz 的脉冲输出,电路图如图 3.3.1-2 所示。

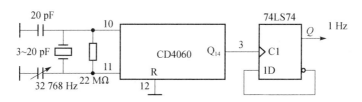

图 3.3.1-2 秒脉冲发生器

2. 计数译码显示

秒、分、时、日分别为六十、六十、二十四和七进制计数器。秒、分均为六十进制,即 00～59,它们的个位为十进制,十位为六进制。时为二十四进制计数器,显示为 00～23,个位仍为十进制,而十位为三进制,但当十进位计到 2,而个位计到 4 时清零,就为二十四进制了。

周为七进制数,按人们一般的概念,一周的显示为星期"日、1、2、3、4、5、6",所以设计这个七进制计数器,应根据译码显示器的状态表来进行。

所有计数器的译码显示均采用 BCD-七段译码器,显示器采用共阴或共阳显示器。

3. 校正电路

在刚刚开机接通电源时,由于日、时、分、秒为任意值,所以,需进行调整。置开关在手动位置,分别对日、分、秒、日进行单独计数,计数脉动由单次脉冲或连续脉冲输入。

4. 整点报时电路

当时计数器在每次计到整点前六秒时,需要报时,这可用译码电路来解决。即当分为 59 时,则秒在计数到 54 时,输出一延时高电平,直至秒计数器计到 58 时,结束这高电平脉冲去打开低音与门,使报时声按 500 Hz 频率鸣叫 5 声,而秒计到 59 时,则去驱动高音 1 kHz 频率输出而鸣叫 1 声。

3.3.2(课题七) 定时控制器逻辑电路

为了能使仪器在特定的时间内工作,通常需要人现场干预才能完成。本课题设计的定时控制器,就是能使没有人时,仪器也能按时打开和关闭。例如,你想用录音机、录像机录下某一时间段的节目,而这一段时间你又有其他事要做,不在家或机器旁边,你就可以事先预置一下定时器,在几点几分准时打开机器,到某时刻关掉机器。

(一) 设计任务及要求

设计一个带数字电子钟的定时控制器逻辑电路。并在数字实验箱中完成实际电路。具体任务和要求如下:

(1) 具有电子钟功能,显示为 4 位数。
(2) 可设定定时启动(开始)时间与定时结束(关断)时间。
(3) 定时开始,指示灯亮;定时结束,指示灯灭。
(4) 定时范围可以选择。

(二) 系统框图

定时控制器由供电单元、数字钟单元、定时单元以及控制输出单元等几部分组成。如图 3.3.2-1 所示。

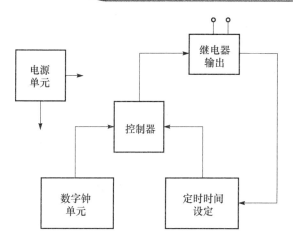

图 3.3.2-1　定时控制器逻辑电路框图

(三) 可选用器材

(1) NET 系列数字电子技术实验系统。

(2) 直流稳压电源 8421 码拨码开关。

(3) 集成电路：CD4060,74LS92,74LS48,74LS112,74LS86 及门电路。

(4) 石英晶振 32 768 Hz。

(5) 继电阻 DDC-12V。

(6) 电阻、电容、三极管。

(7) 显示器：LC5011-11,发光二极管。

(四) 设计方案提示

1. 电源电路

本系统电源,如不用实验室电源,可以采用三端稳压块获得±5 V 稳压输出,如图 3.3.2-2 所示。

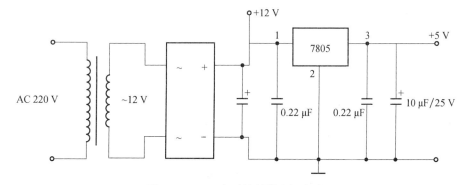

图 3.3.2-2　定时控制器电源电路

2. 数字钟单元电路

这一部分与课题六数字电子钟逻辑电路相同。它分别由秒脉冲发生器,秒、分、时计数器,译码器,显示器等组成,这里只要设计成 4 位显示。"分"从 00 至 59,"时"从 00 至 23,"秒"可以用发光二极管显示。

3. 定时器定时时间的设定

定时器定时时间的设定,可用逻辑开关(4 个一组),分别置入"0"或"1",再加译码、显示,就知其所设定的值。例如,四位开关为"0110",并有"6"指示。

4. 控制器

控制器任务是将计数值与设定值进行比较,若两者相等,则输出控制脉冲,使继电器电路接通。由于定时的时间有起始时间和终止时间。所以,为了区别这两个信号,采用交叉供电方式或采用三态门进行控制。

5. 继电器电路

继电器的通、断受控制器输出控制,当"开始定时"设定值达到时,继电器断开。其定时波形如图 3.3.2-3 所示。继电器的触点可接交流、直流或其他信号。

图 3.3.2-3 定时波形

3.3.3(课题八) 家用电风扇控制逻辑电路

目前,人们家庭的电风扇正越来越多地采用电子控制线路来取代原来的机械控制器,这使得电扇的功能更强,操作也更为简便。图 3.3.3-1 为电扇操作面板示意图。

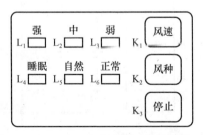

图 3.3.3-1 电扇操作面板示意图

在面板上有 6 个指示灯指示电扇的状态。3 个按键分别为选择不同的操作——风速、风种、停止。其操作方法和状态指示如图 3.3.3-2 所示。

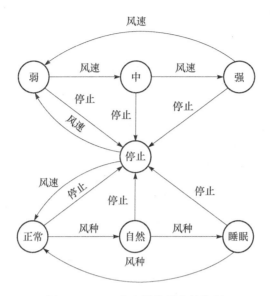

图 3.3.3-2　电扇操作状态转换图

(1) 处于停转状态时,所有指示灯不亮,此时只有按"风速"键电扇才会响应,其初始工作状态为"风速"——"风种"——"正常"位置,且相应的指示灯亮。

(2) 电风扇一经启动后,再按动"风速"键可循环选择"弱""中"或"强"3 种状态中的任何一种状态;同样,按动"风种"键可循环选择"正常""自然"或"睡眠"3 种状态的某一种状态。

(3) 在电扇任意工作状态时,按"停止"键电扇停止工作,所有指示灯熄灭。

"风速"的弱、中、强对应电扇的转动由慢到快。

"风种"在正常位置是指电扇连续运转,在"自然"位置是表示电扇模拟产生自然风,即运转 4 s,间断 4 s 的方式;在"睡眠"位置,是产生轻柔的微风,电扇运转 8 s 的方式。

电扇操作的所有变换过程如图 3.3.3-2 所示。

(一) 设计任务和要求

用中小规模数字集成电路实现电风扇控制器的控制功能,并在数字实验箱中完成实际电路。具体要求如下:

(1) 用 3 个按键来实现"风速""风种""停止"的不同选择。

(2) 用 6 个发光二极管分别表示"风速""风种""停止"的 3 种状态。

(3) 电扇在停转状态时,只有按"风速"键才有效,按其余两键不响应。

(4) 优化设计方案,使整个电路采用的集成块应尽可能少。

（二）设计方案提示

1. 状态锁存器

"风速""风种"这两处操作各有 3 种状态和一种停止状态需要保存和指示，因而对于每种操作都可采用 3 个触发器来锁存状态，触发器输出"1"表示工作状态有效，"0"表示无效，当 3 个输出全为"0"表示停止状态。

为了简化设计，可以考虑采用带有直接清零端的触发器，这样将停止键与清零端相连就可实现停止的功能，简化后的状态转换图如图 3.3.3 – 3 所示。

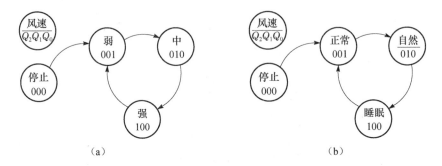

图 3.3.3 – 3　电扇简化操作状态转换图

(a) 风速；(b) 风种

图中横线下数字×××为 Q_2、Q_1、Q_0 的输出信号。根据图 3.3.3 – 3 状态转换图，利用卡诺图化简后，可得到 Q_0、Q_1、Q_2 的输出信号逻辑表达式（它们可适用于"风速"及"风种"电路）：

$$Q_0^{n+1} = \overline{Q_1^n} \cdot \overline{Q_0^n}$$

$$Q_1^{n+1} = Q_0^n$$

$$Q_1^{n+1} = Q_1^n$$

可选用四 D 上升沿触发器 74LS175 构成。

2. 触发脉冲的形成

根据前面的逻辑表达式，我们可以利用 D 触发器建立起"风速"及"风种"状态锁存电路，但这两部分电路的输出信号状态的变化还有赖于各自的触发脉冲。在"风速"部分的电路中，可以利用"风速"按键（K_1）、"风种"按键（K_2）的信号和电扇工作状态信号（设 ST 为电扇工作状态，$ST = 0$ 停，$ST = 1$ 运转）三者组合而成的。当电扇处于"停止"状态（$ST = 0$）时，按 K_2 键无效，CP 信号将保持低电平；只有按 K_1 键后，CP 信号才会变成高电平，电扇也同时进入运转状态（$ST = 1$）。进入运转状态后，CP 信号不再受 K_1 键的控制，而是由 K_2 键控制。由此，可列出表 3.3.3 – 1 所示的 CP 信号状态表，并可得到其输出逻辑表达式：

$$CP = K_1 \overline{ST} + K_2 ST$$

式中,K_1 为"风速"键的状态,K_2 为"风种"键的状态。

表 3.3.3 – 1 CP 与 ST 信号状态表

CP 信号状态表

K_2	K_1	ST	CP
0	0	0	0
0	0	1	0
0	1	0	1
0	1	1	0
1	0	0	0
1	0	1	1
1	1	0	1
1	1	1	1

ST 信号状态表

强(Q_2)	中(Q_1)	弱(Q_0)	ST
0	0	0	0
0	0	1	1
0	1	0	1
0	1	1	1
1	0	0	1
1	0	1	1
1	1	0	1
1	1	1	1

由于 ST 信号可由"风速"电路输出的 3 个信号组合而成。因而从表 3.3.3 – 1 中所示的 ST 信号状态表可得:$ST = \overline{\overline{Q_0}\,\overline{Q_1}\,\overline{Q_2}}$。

当 ST = 0 时,表示电扇停转。当 ST = 1 时,表示电扇运转。

最终,可以得到 CP 的逻辑表达式:

$$CP = K_1 \overline{Q_0}\,\overline{Q_1}\,\overline{Q_2} + K_2 \overline{\overline{Q_0}\,\overline{Q_1}\,\overline{Q_2}}$$

3. 电机转速控制端

由于电扇电机的转速通常是通过电压来控制的,而我们要求有"弱""中""强" 3 种转速,因而电路中需要考虑 3 个控制输出端(弱、中、强),以控制外部强电线路(如可控硅触发电路)。这 3 个输出端与指示电扇转速状态的 3 个端子不同,还需考虑"风种"的不同选择方式,如果用"1"表示某挡速度的选通,用"0"表示某挡速度的关断,那么"风种"信号的输入就使得某挡电机速度被连续或间断地选中,例如风种选择"自然"风,风速选择"中"时,电机将运行在中速并开"4 s",反映到面板上为 L_2 和 L_5 灯亮。表现在转速控制端"中"上就是出现连续的"1"状态或间断的"1"和"0"状态。

(三) 可选用器材

(1) NET 系列数字电子技术实验系统。

(2) 直流稳压电源。

(3) 集成电路:74LS74,74LS151,74LS175 及门电路等。

(4) 发光二极管、电阻。

(5) 按键开关。

3.3.4(课题九) 十翻二运算电路

人们在向计算机输送数据时,首先把十进制数变成二-十进制数码即 BCD 码,运算器在接收到二-十进制数码后,必须要将它转换成二进制数才能参加运算。这种把十进制数转换成二进制数的过程称为"十翻二"运算。

例如:$125 \longrightarrow [0001,0010,0101]_D \longrightarrow [1111101]_B$

十翻二运算的过程可以由下式看出:

$$125 = [(0 \times 10 + 1) \times 10 + 2] \times 10 + 5$$

这种方法归纳起来,就是重复这样的运算:

$$N \times 10 + S \longrightarrow N$$

式中,N 为现有数(高位数),S 为新输入数(较 N 低一位的数)。N 的初始值取"0",二-十进制数码是由高位开始逐位开始输入的,每输入一位数进行一次这样的运算,直至最低位输入,算完为止。十翻二运算的实现方法从运算式 $N \times 10 + S$ 来看有两种实现方法。

方法 I:第一步 N 乘 5,即 $N \times 5 = N \times 4 + N$,第二步乘 2 再加 S,即 $(5N) \times 2 + S = 10N + S$;

方法 II:第一步 N 乘 10,即 $N \times 10 = N \times 2 + N \times 8$,第二步加 S,即 $10N + S$。

因为二进制数乘"2",乘"4",乘"8",只要在二进制数后面补上一个"0"或 3 个"0"就可以了,所以利用这个性质可以有多种方法实现乘"10"运算。

在实现运算的两个方法中,都有加法运算。因此就要两次用到加法器(全加器)。实现的电路可以用一个全加器分两次来完成,也可以用两个全加器一次完成。故实现十翻二运算的电路也各有不同。

十翻二运算电路的框图如图 3.3.4-1 所示。

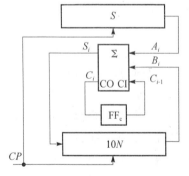

图 3.3.4-1 十翻二运算电路框图

(一) 设计任务和要求

用中小规模集成电路设计十翻二运算逻辑电路,并在数字实验箱中使实验成功。具体要求如下:

(1) 具有十翻二功能。

(2) 能完成 3 位数的十进制数到二进制数的转换。

(3) 能自动显示十进制数及二进制数。

(4) 移位寄存器选用 8 位寄存器。

(5) 具有手动和自动清零功能。

（二）设计方案提示

根据课题的任务和要求，我们先设计十翻二运算电路。十翻二运算为 $10N+S \longrightarrow N$ 的过程，因此，根据图 3.3.4-1 的框图可得出两种方法实现十翻二的逻辑框图，框图如图 3.3.4-2 和图 3.3.4-3 所示。图中，全加器 $\sum$ 可选用 74LS183 双全加器，进位触发器 FF_C 选用 D 触发器，乘"2"、乘"4"、乘"8"运算也可以用 D 触发器。

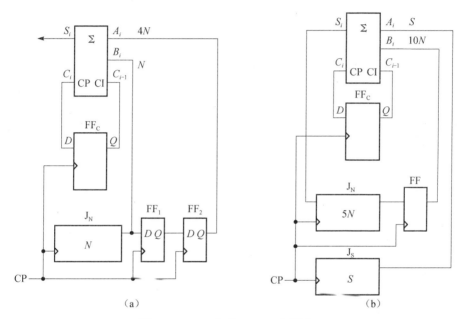

图 3.3.4-2　实现 $10N+S$ 框图之一
(a) 实现 $5N$ 框图；(b) 实现 $(5N)\times 2+S$ 框图

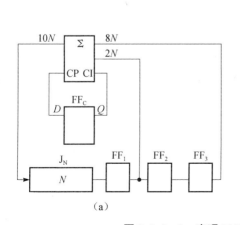
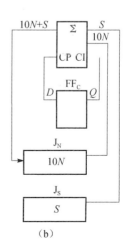

图 3.3.4-3　实现 $10N+S$ 框图之二
(a) 实现 $10N$ 框图；(b) 实现 $10N+S$ 框图

寄存器 J_N 和 J_S 是用来存放二进制数字的,且可以实现移位功能,这里可选用 74LS164 八 D 串入并出移位寄存放器作为 J_N。J_N 位数是 8 位的,且最高位为符号位。J_S 可以选用 4 位的可预置数双向移位寄存器 74LS194。

为使十进制数转换成二－十进制数,这里可选用数据编码器来完成这一任务,如 74LS147 10 线－4 线 BCD 码优先编码器。

数据的自动运算需要一个控制器,这个控制器实际上就是给 J_N、J_S 发自动运算的移位脉冲信号。根据移位寄存器的字长为 8 位,则控制器要 8 移位脉冲信号给移位寄存器。数据的自动置数,由一个脉冲控制,在输入数据时产生。一次运算结束后,有关寄存器及乘"2"、乘"4"、乘"8"等触发器需进行清零,也要一个脉冲,其时序如图 3.3.4－4 所示。

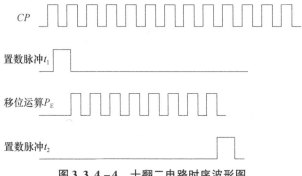

图 3.3.4－4　十翻二电路时序波形图

(三) 可选用器材

(1) NET 系列数字电子技术实验系统。

(2) 直流稳压电源。

(3) 集成电路:74LS74,74LS147,74LS164,74LS183,74LS194 及门电路。

(4) 显示器 CL002。

(5) 电阻、电容。

(6) 按键及开关。

3.3.5(课题十)　复印机控制逻辑电路

复印机的应用越来越普遍,其工作原理也大同小异。我们在使用复印机时,一般要进行以下操作:

(1) 设置复印数:通过键盘输入百位数、十位数和个位数。

(2) 按自动复印"RUN"运行键,开始复印。

(3) 3 位显示器显示复印减少的数目,当减到"0"时,复印过程结束。

(一) 设计任务和要求

设计复印机控制逻辑电路,并在数字实验箱中完成实际电路。具体要求如下:

(1) 从键盘(0~9)可输入复印的数字,并能显示。
(2) 数字显示为 3 位,最大数为 999。
(3) 复印一次,数字显示减一次,直到"0"停机。
(4) 按运行键"RUN"后,机器能自动进行循环控制。

(二) 原理框图

复印机控制逻辑电路原理框图如图 3.3.5 – 1 所示。

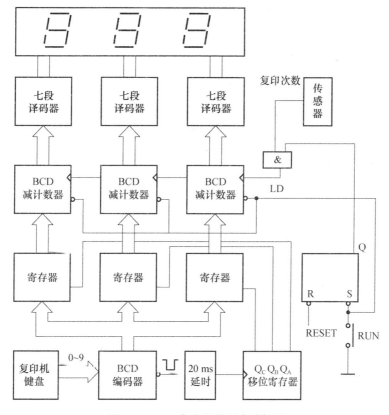

图 3.3.5 – 1 复印机控制电路框图

(三) 可选用器材

(1) NET 系列数字电子技术实验系统。
(2) 直流稳压电源。
(3) 集成电路:74LS112,74LS164,74LS190,74LS174,74LS148,74LS248 及门电路。
(4) 显示器:LC5011 – 11。
(5) 1 kΩ 电阻 2 个。

(6) 发光二极管 3 个,开关 4 个。

(四) 设计方案提示

根据复印机的控制要求及其框图,设计从以下几方面考虑:

1. 键盘编码电路

要把键盘十进制数字输入转换成 BCD 码,可以用下列两种方法实现:

(1) 用编码器实现。将十进制键盘的 10 根输出线接至编码器的输入端。每当 10 根十进制线上任何一根线为有效时,编码器就发出一个负脉冲,表示有键按下,并输出对应的十进制键的二进制码。

图 3.3.5 - 2 所示的是用两片 74LS148 优先编码组成的 16 线 - 4 线优先编码器的转换电路图。

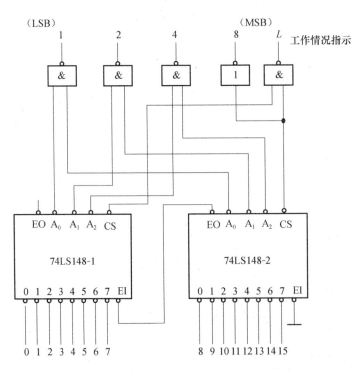

图 3.3.5 - 2 用 16 线 - 4 线优先编码器实现键盘按键到 BCD 码的转换

在图 3.3.5 - 2 中 0 ~ 7 为第一片 74LS148 的输入,第二片 0 ~ 7 的输入作为 8 ~ 15 输入。输入端为低电平有效。例如,当我们使第十根线为逻辑"0",第二片 (74LS148 - 2)的"2"输入端即为逻辑"0",由于该片使能端已接地($EI = 0$)选通,所以,它的 $A_2 \sim A_0$ 端输出为"2"的编码值之反码为 101。此外,EO 端输出高电平,GS 端输出低电平,因此,级联的第一片芯片 EI 端为高电平,它处于禁止状态,即第一

片的 $A_2 \sim A_0$ 为全高电平输出,GS 也为高电平。这些端子通过与非门输出,所以最后的结果为"1010"(自右至左)即为十进制数"10"的编码值。由此可见,电路这样连接,编码完全正确。

同理,在输入数字"3"时,则在编码器 74LS148-1 的 $A_2 \sim A_0$ 输出 100,接与非门后,将输出"8421"码 0011。

若取 0~9 为键盘的十进制输入,那么,对应的 8421 码输出就是 0~9 的 BCD 码。

图中,最右边与非门输出为工作情况指示(或按键指示),当各路均有效输入,两芯片都不工作时,$L=0$;当任何一芯片工作时,$L=1$。

(2) 用脉冲拨号器和计数器实现。脉冲拨号器是一片 CMOS 电路,用它将键盘输入变换成一串脉冲输出。当按"1~9"键时,分别输出 1~9 个脉冲,按"0"键时输出 10 个脉冲。脉冲数再通过十进制 BCD 码计数器计数,就实现了从十进制到二进制 BCD 码的转换,如图 3.3.5-3 所示。

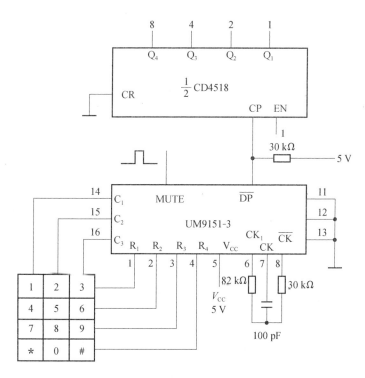

图 3.3.5-3 用脉冲拨号器实现键盘按键到 BCD 码的转换

图 3.3.5-3 中编码是采用 UM9151-3 脉冲拨号器。UM9151-3 是 CMOS 器件,工作电压为 2.0~5.5 V,4×3 键盘接口,RC 振荡器。当有键按下时,相应的行列和列接通,这时通过 DP 端送出相应的脉冲数,同时 $MUTE$ 端为高电平输出,脉冲数输出完毕,$MUTE$ 信号也随之为低电平。例如按键"4",则从 DP 端输出脉冲的个数为 4 次,$MUTE$ 为高电平时间,就是 4 个脉冲数输出的时间。计数器采用

CD4518 二-十进制计数器。CD4518 也是 CMOS 器件,上升沿或下降沿时钟触发,8421 编码。当 CP 端有脉冲输入时,它就计数,如 CP 端输出 4 个脉冲,则 CD4518 的输出端 $Q_4 \sim Q_1$ 为"0100"。如 CP 端输入 9 个脉冲,则输出端 $Q_4 \sim Q_1$ 为"1001";CP 端输入 10 个脉冲,则为"0000"。

UM9151-3 脉冲拨号器和 CD4518 计数器的管脚排列及其逻辑功能参阅有关产品手册。

2. 寄存器

为使按键的数据马上能锁存起来,可用 D 触发器来寄存所按键数的二进制码。如采用 74LS174 六 D 触发器就可实现这一功能。也可用串入并出移位寄存器 CD4015 实现数据寄存,数据的寄存要考虑时序关系,即只有在数据 D 稳定后,才能存入寄存器,所以在键按下后,需经过一段延时,才能把数据存入寄存器中。

3. 计数、显示

这一部分比较容易实现,当按下运行键"RUN"后,计数器转入减计数状态,当减到"0"时,输出一控制信号,复位,使复印机停止复印。

3.3.6(课题十一) 乒乓游戏机逻辑电路

两人乒乓游戏机是由发光二极管代替的运动,并按一定的规则进行对垒比赛。

(一) 设计任务和要求

设计乒乓游戏机逻辑电路,并在数字实验箱中完成实际电路。要求如下:
(1) 乒乓游戏机甲、乙双方各有两只开关,分别为发球开关和击球开关。
(2) 乒乓球的移动用 16 只或 12 只 LED 发光二极管模拟运行,移动的速度可以调节。
(3) 球过网到一定的位置方可接球,提前击球或出界球均判为失分。
(4) 比赛用 21 分为一局,任何一方先记满 21 分就获胜,比赛一局就结束。当记分牌清零后,又可开始新的一局比赛。

(二) 工作原理

甲乙双方发球和接球分别用两只开关代替。当甲方按动发球开关 S_{1A} 时,球就向前运动(发光极管向前移位),当球运动过网时到一定位置以后,乙方就可接球。若在规定的时间内,乙方不接球或提前、滞后接球,都算未接着球,甲方的记分牌自动加分。然后再重新按规则由一方发球,比赛才能继续进行。比赛一直要进行到一方记分牌自动达到 21 分,这一局才告结束。

乒乓游戏机的示意图如图 3.3.6-1 所示。

乒乓游戏机逻辑电路流程框图如图 3.3.6-2 所示。

第 3 章 课题设计 107

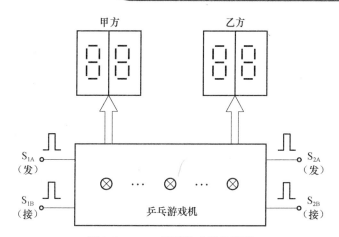

图 3.3.6-1 乒乓游戏机示意图

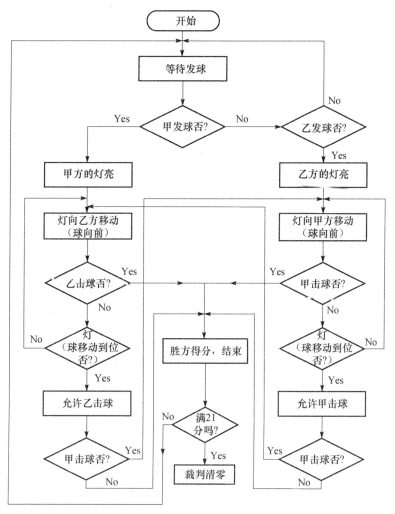

图 3.3.6-2 乒乓游戏机逻辑控制流程图

(三) 可选用器材

(1) NET 系列数字电子技术实验系统。
(2) 直流稳压电源。
(3) 集成电路:74LS74,74LS161,74LS194,74LS248 及门电路。
(4) 开关:单次脉冲开关。
(5) 显示器:LC5011-11,发光二极管。

(四) 设计方案提示

根据课题的要求,乒乓游戏机可以从下列各部分进行考虑:

(1) 移位寄存器。由于乒乓球的运行模拟靠发光二极管进行显示,且既能向左,又能向右运行,所以应选择双向移位寄存器。如常用的 74LS194 四位双向通用移位寄存器,它既能左移、右移、又可置数,各处模式控制均由 M_0、M_1 及 CP 进行组合控制。所以 16 位移位寄存器可用 4 片 74LS194 组成。并接成既可左移、又能右移、还可置数的工作模式。

(2) 甲、乙双方 4 只开关分别为发球和击球功能,为保证动作可靠,可采用防抖电路。

(3) 计分电路。用计数、译码、显示完成计分显示电路,计数器计到 21 分时,计数器清零。

(4) 控制电路。这一部分设计是乒乓游戏机的关键部分,必须满足甲方发球、乙方击球或乙方发球甲方击球的逻辑关系。选用 D 触发器作为状态记忆控制元件,当甲方发球后,D 触发器为一状态,乙方发球时,D 触发器为另一状态,这正好满足移位(左、右移位)的要求(实际上已把 D 功能转变为 T′功能)。

此外,当甲方发球后,球向乙方运动到一定范围内,乙方方可击球,乙方在特定范围内若已接到球,D 触发器这时需记忆这一状态;如接不到球,则不需改变 D 记忆状态。乙方发球的原理也是一样的。图 3.3.6-3 为乒乓游戏机记忆 D 触发器的逻辑状态控制电路图。

图 3.3.6-3 中,D 触发器的状态 M_1 和 M_0 控制左移或右移。甲发球后,只能由乙击球,且在一定范围内(如向右移位到 Q_{12} 或 Q_{13} 为"1"时)击球有效。请注意,击球后,只能由乙击球,且可以从移过网后任定一个时刻就行(如 $Q_{10} + Q_{11}$)也可以用计数器计数实现定时击球范围。

D 触以器输出的两根反馈线,是防止发球方误击球。如甲方发球后,甲方击球无效。

(5) 置数、清零电路。
置数:当甲或乙发球时,应先将各方第一位(Q_0 或 Q_{15})置成"1"。然后,方可向对方移位。由 74LS194 控制端 M_0、M_1 的状态可知,仅当 $M_0 = M_1 = 1$ 时,可以在

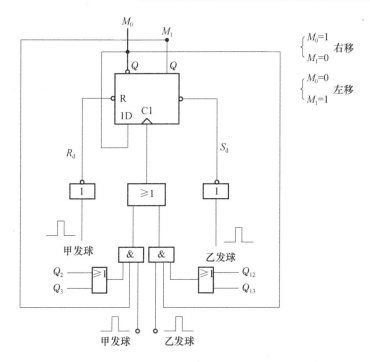

图 3.3.6－3　乒乓球游戏机记忆 D 触发器逻辑状态控制电路图

CP 上升沿时置数。所以,电路设计时,应考虑满足这一要求。

清零:除手动清零处,还须考虑一方失分时,移位寄存器清零。

附 录   常见芯片管脚图

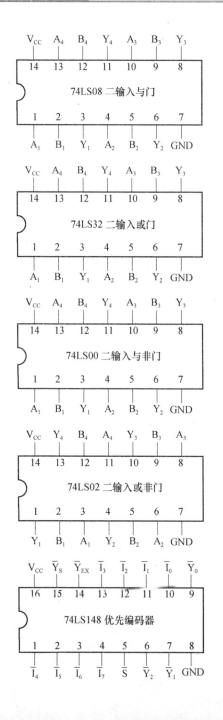
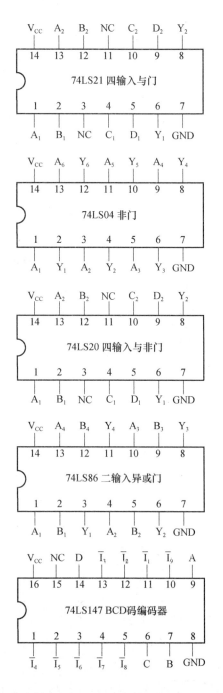

附录 常见芯片管脚图 111

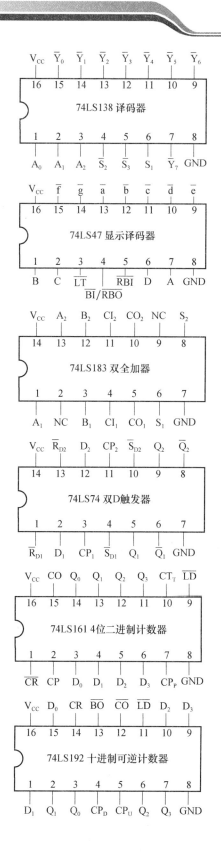
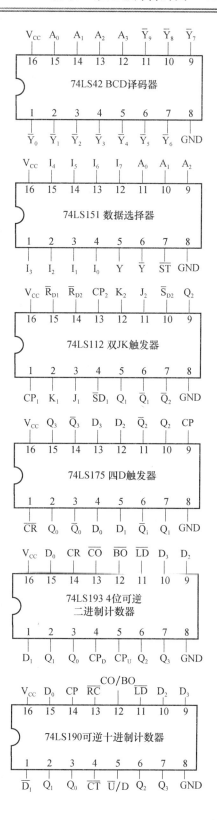

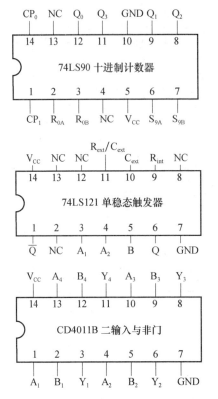

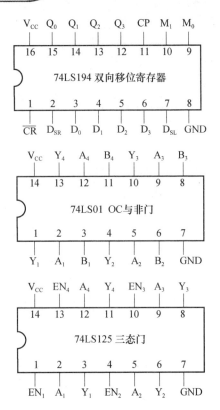

参 考 文 献

[1] 曾晓宏.数字电子技术[M].北京:机械工业出版社,2008.
[2] 乔梁.数字电路实验[M].北京:经济科学出版社,2010.
[3] 李毅.数字电子技术实验[M].西安:西北工业大学出版社,2009.
[4] 张亚君.数字电路与逻辑设计实验教程[M].北京:机械工业出版社,2009.
[5] 侯传教.数字逻辑电路实验[M].北京:电子工业出版社,2009.
[6] 佘新平.数字电路设计 仿真 测试[M].武汉:华中科技大学出版社,2010.
[7] 何其贵.数字电路基础[M].北京:北京工业大学出版社,2011.
[8] 赵玉铃.数字电子技术[M].杭州:浙江大学出版社,2010.
[9] 姜有根.数字电路及其实际操作技能问答[M].北京:机械工业出版社,2009.